SCOPOS

Collection dirigée par

J.-M. Ghidaglia

Professeur à l'École normale supérieure de Cachan
61, avenue du Président Wilson
94235 Cachan Cedex, France
http://www.cmla.ens-cachan.fr

Après "Recueil de petits problèmes en Scheme" et "16 problèmes d'informatique" la Collection SCOPOS accueille un nouvel ouvrage d'informatique. Voici quelques grands thèmes de l'informatique fondamentale abordés à travers 8 problèmes de concours.

La matière de cet ouvrage est au carrefour des mathématiques et de l'informatique. Algèbre appliquée, elle éclaire brillamment ses notions de base comme les relations et lois, les structures, tout en montrant leur pertinence et l'aspect constructif de l'algèbre (aspect un temps dénié par ses ayatollahs). Informatique fondamentale, elle met en lumière que cette toute nouvelle science s'appuie sur un corpus solide et profond.

Les 8 problèmes proposés ici sont issus soit de l'option "mathématiques de l'informatique" de l'agrégation soit du concours d'entrée en troisième année à l'Ecole normale supérieure de Cachan. Bien que s'adressant en principe à des étudiants de second cycle, l'hétérogénéité de la formation des candidats fait que peu de connaissances sont pré-requises et donc que les énoncés introduisent les éléments nécessaires. Il s'agit en effet de tester la capacité des candidats à comprendre et manipuler de nouveaux concepts. Cet ouvrage sera donc abordable avec le bagage d'un étudiant en DEUG Sciences option MIAS ou encore en classes préparatoires MP (option informatique).

Un site internet : **www.scopos.org** est associé à cette collection. Il permet de dialoguer avec les auteurs de la collection mais aussi plus généralement avec des ingénieurs, chercheurs et enseignants un peu partout en France.

SCOPOS

13

Springer
Berlin
Heidelberg
New York
Barcelone
Hong Kong
Londres
Milan
Paris
Tokyo

E. Badouel   S. Boucheron
A. Dicky   A. Petit   M. Santha
P. Weil   M. Zeitoun

Problèmes d'informatique fondamentale

Voyages au pays
de l'informatique fondamentale
au gré de problèmes de concours

avec 20 figures

Springer

Éric Badouel
École Nationale Supérieure Polytechnique
8390 Yaoundé, Cameroun, France

Stéphane Boucheron
Université Paris-Sud, LRI, UMR 8623 CNRS, Bat. 490
91405 Orsay Cedex, France

Anne Dicky
Université Bordeaux 1, LaBRI, UMR 5800 CNRS
351, Cours de la Libération, 33405 Talence Cedex, France

Antoine Petit
ENS de Cachan, LSV, UMR 8643 CNRS
61, av. Président Wilson, 94235 Cachan Cedex, France

Miklos Santha
Université Paris-Sud, LRI, UMR 8623 CNRS, Bat. 490
91405 Orsay Cedex, France

Pascal Weil
Université Bordeaux 1, LaBRI, UMR 5800 CNRS,
351, Cours de la Libération, 33405 Talence Cedex, France

Marc Zeitoun
Université Paris 7-Denis Diderot, LIAFA, UMR 7089, case 70114
2, place Jussieu, 75251 Paris Cedex 05, France

Mathematics Subject Classification (2001):
03D05, 03D40, 68Q05, 68Q45, 68Q70, 68R05, 68R15, 68W01, 68W05

Die Deutsche Bibliothek – CIP-Einheitsaufnahme

Problèmes d'informatique fondamentale: voyages au pays de l'informatique fondamentale
au gré de problèmes de concours / par Éric Badouel ... –
Berlin ; Heidelberg ; New York ; Barcelona ; Hongkong ; London ; Mailand ; Paris ; Tokio :
Springer, 2001
(SCOPOS; Vol. 13)   ISBN 3-540-42341-9

ISSN 1618-2537
ISBN 3-540-42341-9 Springer-Verlag Berlin Heidelberg New York

Springer-Verlag Berlin Heidelberg New York
est membre du groupe BertelsmannSpringer Science+Business Media GmbH

http://www.springer.de

© Springer-Verlag Berlin Heidelberg 2001
Imprimé en Allemagne

Maquette de couverture: *design & production* GmbH, Heidelberg

Printed on acid-free paper   SPIN 10845127   41/3142XT – 5 4 3 2 1 0

Avant-propos

Ce recueil de problèmes corrigés vise à proposer des voyages initiatiques à quelques domaines de la science informatique. Ces problèmes ont tous été posés au concours d'entrée en troisième année de l'ENS de Cachan, section informatique, ou à feu l'option « mathématiques de l'informatique » de l'Agrégation de mathématiques. Ils ont été conçus par des enseignants chercheurs en informatique du CNRS ou de l'Université, et ont pour but principal de tester la capacité des étudiants à comprendre des concepts nouveaux pour eux et à raisonner sur ces concepts. Il s'agit par là de tenter de les mettre dans la situation d'un chercheur et d'évaluer ainsi leur aptitude.

Il est sans conteste plus aisé de résoudre ces problèmes si l'on a suivi auparavant des cours de second cycle d'informatique dans les domaines abordés. Cependant, la grande majorité des questions proposées ne demandent pas d'autres connaissances que celles attendues d'un élève sortant d'un DEUG Sciences mention MIAS ou ayant préparé l'option informatique des classes préparatoires scientifiques, section MP.

Aussi ce livre pourra intéresser tout étudiant, qu'il soit en classes préparatoires scientifiques, premier ou second cycle universitaire ou école d'ingénieur, désireux de se confronter à des problèmes issus de la recherche. Il pourra également être utilisé avec profit par les enseignants qui trouveront dans ces longs problèmes une mine d'exercices ou d'ensembles cohérents de questions.

Les auteurs tiennent à remercier très sincèrement deux personnes sans lesquelles ce livre n'aurait jamais vu le jour. Jean-Michel Ghidaglia tout d'abord, directeur de la collection Scopos, a eu la gentillesse de nous accueillir dans sa collection. De plus, il a su avec opiniâtreté mais toujours avec bonne humeur nous relancer régulièrement jusqu'au jour où nous lui avons, enfin, remis cet ouvrage. La qualité de la mise en forme de ce livre est l'œuvre de Nicolas Markey qui, en dehors des brillantes qualités qui lui ont valu d'être normalien, agrégé et doctorant, est un expert en LaTeX. Il a su faire de nos textes, qui avaient chacun des mises en page et macros exotiques, un ensemble cohérent et, nous l'espérons, agréable à lire.

Fait à Cachan le 24 janvier 2001
Les auteurs.

Première partie

Sujets

Petites questions d'algorithmique[1]

(corrigé pp. 81–94)

Toutes les questions sont indépendantes

Rappel : Pour toute paire de fonctions f et g sur $\mathbb{N}$ asymptotiquement positives ou nulles, par définition $f \in O(g)$ si

$$\exists c > 0, \ \exists n_0 \in \mathbb{N} \text{ t.q. } \forall n > n_0, \ f(n) \leqslant cg(n).$$

Aussi par définition, $f \in \Omega(g)$ si $g \in O(f)$.

Comme c'est l'usage lorsqu'il n'y a pas d'ambiguïté, nous utiliserons les abus de notations $f = g + O(h)$ pour $f - g \in O(h)$, et $O(f(n))$ pour $O(f)$.

§1. Questionnaire

Répondre pour chaque question **V** (vrai) ou **F** (faux).

1.1. Pour toute paire de fonctions $f(n)$ et $g(n)$ sur $\mathbb{N}$ asymptotiquement positives ou nulles, on a : si $g \in O(f)$ alors $f(n) + g(n) \in \Omega(f(n))$.

1.2. Toute solution de la récurrence $T(n) = 3T(n/3) + O(\sqrt{n})$ appartient à $\Omega(n \log(n))$.

1.3. Dans le pire des cas, le nombre de comparaisons de *Quicksort* sur un tableau de taille n est $\Omega(n^2)$.

1.4. Trier par comparaisons un tableau de n valeurs prises dans l'ensemble $\{0, \ldots, 9\}$ requiert $\Omega(n \log n)$ comparaisons.

---

[1] Sujet bâti à partir de deux problèmes posés au concours d'entrée en troisième année de l'ENS de Cachan, section informatique, en 1997 et 1998.

1.5. Dans un graphe, l'arbre de recouvrement de poids minimal est unique lorsque toutes les arêtes portent des poids différents.

1.6. Un arbre binaire de recherche sur n entiers peut être construit en temps $O(n)$.

1.7. Dans une version probabiliste de *Quicksort*, on applique au tableau fourni en entrée une permutation aléatoire (tirée uniformément dans l'ensemble des permutations sur n éléments). Dans le pire des cas, l'espérance du temps de calcul de *Quicksort* probabiliste est $\Omega(n^2)$.

1.8. Dans un graphe orienté arbitraire, on peut trouver un tri topologique en temps linéaire.

1.9. On dispose de trois listes triées à trois éléments, on veut trouver le $3^{\text{ème}}$ plus petit élément dans l'ensemble constitué par la réunion de ces trois listes. On peut faire cela en 3 comparaisons.

1.10. En réduisant le problème du tri à la construction d'un tas (*heap*), on peut prouver que construire un tas sur n éléments requiert $\Omega(n \log n)$ comparaisons.

§2. Le problème des skieurs

Cet exercice illustre une technique puissante (en algorithmique, contrôle et signal) : la programmation dynamique. Il s'agit d'une technique à l'aide de laquelle dans certains cas, on réussit à transformer un algorithme récursif de complexité exponentielle en un algorithme de complexité polynômiale. Une condition nécessaire pour pouvoir appliquer la technique est que le nombre total des sous-problèmes récursifs soit polynômial. La plupart des livres d'algorithmique générale décrivent la programmation dynamique.

Bibliographie

[BB88] Gilles Brassard et Paul Bratley. *Algorithmics : Theory and Practice*. Prentice Hall Int., 1988.

[CLR90] Thomas H. Cormen, Charles E. Leiserson, et Ronald L. Rivest. *Introduction to Algorithms*. MIT Press, 1990.

2.1. Donner un algorithme efficace pour résoudre le problème suivant :

Donnée : un ensemble de n paires de skis est offert à un groupe de m skieurs ($m \leqslant n$). L_i désigne la hauteur de la $i^{\text{ème}}$ paire de skis, et ℓ_j désigne la hauteur du $j^{\text{ème}}$ skieur. A priori, on souhaiterait que chaque skieur reçût une paire de skis de même hauteur que lui. Comme ce n'est pas toujours possible, on se contente de minimiser les écarts en répondant à la question suivante.

Question : trouver une affectation des skis aux skieurs (*i.e.* une fonction injective $\varphi \colon \{1 \ldots m\} \to \{1 \ldots n\}$) qui minimise la quantité

$$\sum_{i=1}^{m} |L_{\varphi(i)} - \ell_i|.$$

Remarque : Chaque skieur doit recevoir une paire de skis.

Suggestions : Résoudre d'abord le problème lorsque $m = n$; puis analyser les sous-problèmes $A(k, h)$ où on considère les h plus petits skieurs et les k plus courts skis.

§3. Source d'un graphe

Il s'agit d'un exercice qui concerne la complexité dans le modèle des arbres de décision booléens d'une fonction, c'est à dire le nombre minimal de bits de l'entrée qu'il faut connaître dans le pire des cas pour pouvoir calculer la fonction. Cette mesure a été particulièrement étudiée pour les *propriétés de graphes*, c'est à dire des fonctions définies sur les graphes non-orientés qui ne dépendent pas de la numérotation des sommets. Clairement cette complexité est au plus $n(n-1)/2$, et la conjecture célèbre de Aanderaa-Rosenberg est que pour les propriétés monotones et non-triviales cette borne supérieure est en fait la complexité exacte (une propriété est monotone si l'addition d'une arête à un graphe ne peut pas supprimer la propriété). Le théorème de Rivest-Vuillemin [RV76] établit une borne inférieure $\Omega(n^2)$. Pour la complexité probabiliste la meilleure borne inférieure connue est $\Omega(n^{4/3})$ [Haj90]. La propriété étudiée dans cet exercice concerne les graphes orientés, et bien sûr elle n'est pas monotone.

Bibliographie

[Haj90] Peter Hajnal. On the power of randomness in the decision tree model. Dans *Proceedings of the 5th Annual Structure in Complexity Theory Conference (SCTC'90)*, pages 66–77, Barcelona, Spain, Juil. 1990. Universitat Politècnica de Catalunya, IEEE Comp. Soc. Press.

[RV76] Ronald L. Rivest and Jean Vuillemin. On recognizing graph properties from adjacency matrices. *Theoretical Computer Science*, 3(3) :371–384, 1976.

Dans un graphe orienté sans boucle, à n sommets, une *source* est un sommet de degré entrant nul, et de degré sortant $n - 1$.

3.1. Donner un algorithme qui examine $O(n)$ entrées de la matrice d'adjacence pour décider si un graphe sans boucle possède une source. Est-il nécessaire d'examiner $\Omega(n)$ entrées ?

§4. Circuit impair d'un graphe

La relation entre problèmes de chemins et multiplication de matrices en algorithmique a été observée par plusieurs personnes [Mun71, FM71]. La complexité exacte de la multiplication de matrice n'est pas connue, le premier algorithme plus rapide que la méthode standard en $O(n^3)$ est dû à Strassen [Str69].

Bibliographie

[FM71] Michael J. Fischer et Albert R. Meyer. Boolean matrix multiplication and transitive closure. Dans *Proceedings of the IEEE 12th Annual Symposium on Switching and Automata Theory*, pages 129–131. IEEE Comp. Soc. Press, 1971.

[Mun71] J. Ian Munro. Efficient determination of the transitive closure of a directed graph. *Information Processing Letters*, 1(2) :56–58, Juil. 1971.

[Str69] Volker Strassen. Gaussian elimination is not optimal. *Numerische Mathematik*, 14(3) :354–356, 1969.

Dans un graphe orienté G à n sommets, un *circuit* est une suite de sommets $v_0, v_1 \ldots v_k$ telle que $v_0 = v_k$ et $\forall i, 0 \leqslant i < k \quad (v_i, v_{i+1})$ est un arc de G. Le circuit est *impair* si k est impair.

4.1. Donner un algorithme efficace (polynômial) pour résoudre le problème suivant :

Donnée   : un graphe orienté décrit par sa matrice d'adjacence.

Question   : le graphe contient-il un circuit impair ?

Remarque : on se demandera quelle est la relation entre l'existence de chemins de longueur k entre deux points et les puissances de la matrice d'adjacence.

§5. Correction de défaillance

Le problème classique de la sélection du maximum dans un tableau de n entiers requiert $n-1$ comparaisons. Le problème du calcul à partir d'une boîte noire défaillante est un cas particulier du calcul dans le modèle des arbres de décision dont certains nœuds sont défaillants, il remonte au moins à Von Neumann. Une version probabiliste de ce modèle est étudiée dans [KK94].

Bibliographie

[KK94] Claire Kenyon et Valerie King. On decision trees with faulty nodes. *Random Structures and Algorithms*, 5(3) :453–464, 1994.

Un algorithme détermine le maximum dans un tableau d'éléments non trié. Pour cela il utilise une boîte noire qui effectue les comparaisons entre éléments et lui retourne le résultat. Lors de la conception de l'algorithme, on apprend que la boîte noire peut retourner un résultat faux (mais pas plus d'une fois au cours du déroulement de l'algorithme).

5.1. Montrer que $2n-1$ appels à la boîte noire sont nécessaires et suffisants si on veut garantir que l'algorithme détermine toujours le maximum, quelque soit le tableau d'entrée et la défaillance de la boîte noire.

§6. Cycles dans un graphe

Dans les graphes non-orientés, la descente en profondeur permet d'explorer assez économiquement la structure des cycles du graphe. L'algorithme de Tarjan pour la décomposition en composantes biconnexes illustre ce point. Il en va de même du test de planarité de Hopcroft et Tarjan). Dire que la descente en profondeur construit une base de l'espace des cycles est une manière lapidaire de décrire cette relation entre structure des cycles et descente en profondeur.

Bibliographie

[HT74] John Hopcroft et Robert Endre Tarjan. Efficient planarity testing. *Journal of the ACM*, 21(4) :549–568, Oct. 1974.

[Tar72] Robert Endre Tarjan. Depth-first search and linear graph algorithms. *SIAM Journal on Computing*, 1(2) :146–160, Juin 1972.

Dans un graphe non orienté, $G = (V, E)$, un *cycle* est un ensemble d'arêtes du graphe $\{(v_0, v_1), (v_1, v_2) \dots (v_{k-1}, v_0)\}$. (Cette définition est équivalente dans un sens très fort à celle du problème du circuit impair dans un graphe, mais elle est plus adaptée aux questions qui suivront). Un cycle est *simple* si $|\{v_0, v_1, \dots, v_{k-1}\}| = k$. Le cycle est *pair* s'il contient un nombre pair d'arêtes (k est pair). L'ensemble vide désigne le cycle vide. Deux cycles sont *arête-disjoints* s'ils sont disjoints en tant qu'ensembles d'arêtes. La *différence symétrique* de deux ensembles est formée par leur réunion privée de leur intersection.

On note $\mathcal{P}(E)$ l'ensemble des ensembles d'arêtes. Par définition soit $\mathcal{C}$ le sous-ensemble de $\mathcal{P}(E)$ constitué par les ensembles d'arêtes formés par des réunions de cycles arête-disjoints. On admettra que $\mathcal{C}$ muni de la différence symétrique et de la multiplication par $\{0, 1\}$ est un espace vectoriel sur $\{0, 1\}$ (c'est l'espace des cycles, sous-espace de $\mathcal{P}(E)$ muni des mêmes opérations).

6.1. Donner un algorithme polynômial en $|E|$ qui construit une base de l'espace des cycles.

6.2. Donner un algorithme polynômial qui détermine si un graphe non orienté contient un cycle simple pair.

§7. Médiane d'un ensemble

On peut voir assez facilement que la complexité de la recherche de la médiane d'un ensemble non ordonné est en moyenne linéaire [Hoa61]. Il est beaucoup plus difficile de montrer que le même résultat est valable aussi dans le pire des cas, le premier algorithme pour achever cette tâche a été obtenu par Blum et al. [BFP$^+$73]. Une meilleure analyse de la complexité en moyenne se trouve dans [FR75].

Bibliographie

[BFP$^+$73] Manuel Blum, Robert W. Floyd, Vaughan R. Pratt, Ronald L. Rivest, et Robert Endre Tarjan. Time bounds for selection. *Journal of Computer and System Sciences*, 7(4) :448–461, Août 1973.

[FR75] Robert W. Floyd et Ronald L. Rivest. Expected time bounds for selection. *Communications of the ACM*, 18(3) :165–172, Mars 1975.

[Hoa61] Charles Antony Richard Hoare. Algorithm 63 (partition) and algorithm 65 (find). *Communications of the ACM*, 4(7) :321–322, 1961.

7.1. La médiane d'un ensemble $\{x_1, x_2 \ldots x_n\}$ de n éléments distincts d'un ensemble totalement ordonné est l'indice i, $1 \leqslant i \leqslant n$, tel que

$$\mathrm{Card}\{j \mid x_j < x_i\} = \lfloor n/2 \rfloor \quad \text{et} \quad \mathrm{Card}\{j \mid x_j \geqslant x_i\} = \lceil n/2 \rceil.$$

Quel est l'ordre de grandeur du nombre de comparaisons réalisées par un algorithme optimal pour trouver la médiane de l'union de deux ensembles déjà triés de taille commune n ?

Vous devez donner un algorithme calculant cette médiane et réalisant un nombre de comparaisons de cet ordre de grandeur et un argument qui explique pourquoi cet ordre de grandeur est optimal.

§8. Langages calculables

Cet exercice est une autre application de la programmation dynamique (*cf* exercice 2).

Soit L un langage calculable en temps polynômial, c'est à dire qu'il existe une machine de Turing déterministe M et un polynôme $p(n)$ tels que

- M accepte L,
- sur chaque mot de longueur n, la machine s'arrête en $p(n)$ pas de calcul.

8.1. Montrer que L^* est également calculable en temps polynômial, où par définition

$$L^* = \{w_1 \ldots w_l : l \geqslant 0 \text{ et } w_i \in L \text{ pour } 1 \leqslant i \leqslant l\}.$$

§9. Suites unimodales

Une suite finie d'entiers $(a_0, a_1, \ldots, a_{n-1})$ est dite *unimodale* s'il existe un entier $0 \leqslant t \leqslant n - 1$ tel que la suite $(a_t, a_{t+1}, \ldots, a_{t+n-1})$ est d'abord strictement croissante puis strictement décroissante, les indices étant calculés modulo n.

9.1. Donner un algorithme en temps $O(\log n)$ qui détermine la valeur maximale dans une séquence unimodale.

Suggestion : Considérer d'abord le cas $t = 0$.

§10. MAJSAT et #SAT

Cet exercice fortement lié à la classe de comptage #P et à la classe probabiliste PP. La classe #P contient les fonctions qui dans le cas des problèmes NP comptent le nombre de solutions pour une entrée donnée. Elle a été définie par Valiant [Val79]. Le problème #SAT, et plus remarquablement le problème du calcul du permanent d'une matrice 0–1 sont complets dans cette classe. La classe PP contient des langages associés aux langages dans NP. Le langage dans PP associé à un langage L dans NP contient les éléments de L pour lesquels les solutions (les témoins) sont en majorité. Le problème MAJSAT est complet dans PP. Cet exercice vise à démontrer qui si PP était dans P, alors #P serait aussi dans P, résultat dû à Angluin [Ang80].

Bibliographie

[Ang80] Dana Angluin. On counting problems and the polynomial hierarchy. *Theoretical Computer Science*, 12 :161–173, 1980.

[Val79] Leslie G. Valiant. The complexity of computing the permanent. *Theoretical Computer Science*, 8 :189–201, 1979.

On rappelle la définition de l'ensemble des formules booléennes à n variables qu'on notera $\mathcal{F}_n$:

- $x_i \in \mathcal{F}_n$ for $i = 1, \ldots, n$.
- Si $\varphi \in \mathcal{F}_n$ et $\psi \in \mathcal{F}_n$ alors $\neg\varphi \in \mathcal{F}_n$, $\varphi \vee \psi \in \mathcal{F}_n$ et $\varphi \wedge \psi \in \mathcal{F}_n$.

Soit $\mathbb{N}$ l'ensemble des entiers naturels. On définit

$$MAJSAT = \{\varphi \in \mathcal{F}_n \mid \varphi \text{ est satisfaite par plus de}$$
$$2^{n-1} \text{ assignations}\}$$

et

$$\#SAT\colon \mathcal{F} \;\to\; \mathbb{N}$$
$$\varphi \;\mapsto\; \text{nombre d'assignations satisfaisantes pour } \varphi$$

10.1. Montrer que pour tout $n > 0$, pour tout $0 < j \leqslant 2^n$, il existe une formule ψ à n variables et de taille polynômiale telle que le nombre d'assignations satisfaisantes pour ψ est j.

10.2. En utilisant ce résultat, montrer que si $MAJSAT$ est calculable en temps polynômial alors $\#SAT$ est aussi calculable en temps polynômial.

§11. Couplages parfaits

La recherche d'un couplage parfait, ou d'un couplage de cardinalité maximale dans un graphe biparti est un problème d'optimisation de difficulté raisonnable, mais les meilleurs algorithmes connus ne permettent pas de traiter le problème en temps linéaire. De plus compter le nombre de couplages parfaits est un problème difficile.

Autour de l'existence d'un couplage parfait on peut poser des questions comme : est-que toutes les arêtes d'un graphe appartiennent à un couplage parfait ? Si c'est le cas, le graphe est dit biparti élémentaire. On peut vérifier qu'un graphe est biparti élémentaire si le graphe G' construit dans l'exercice n'a qu'une seule composante fortement connexe.

Bibliographie

[LP86] László Lovász et Michael David Plummer. *Matching Theory*, volume 29 de *Annals of Discrete Mathematics*. North-Holland, 1986.

Un couplage dans un graphe est un sous-ensemble des arêtes du graphe tel que tout sommet appartienne à au plus une arête. Un couplage est parfait s'il couvre tous les sommets.

11.1. Donner un algorithme de coût linéaire qui prend en entrée un graphe biparti (non orienté) $G = (X \cup Y, E)$ décrit par listes d'adjacences, et un couplage parfait M dans ce graphe et qui décide si ce graphe possède d'autres couplages parfaits.

Suggestion : Orienter les arêtes du couplage de X vers Y et les autres arêtes de Y vers X. Appeler G' le graphe résultant.

11.2. Que peut-on dire des composantes fortement connexes de G' si G admet (respectivement n'admet pas) au moins deux couplages parfaits distincts ?

§12. 2-SAT

La preuve de la NP-complétude de 3-SAT constitue l'introduction classique de la théorie de la complexité [Coo71]. Le statut de 2-SAT qui peut être résolu par une simple descente en profondeur a été établi dans [APT79].

Bibliographie

[APT79] Bengt Aspvall, Michael F. Plass, et Robert Endre Tarjan. A linear-time algorithm for testing the truth of certain quantified boolean formulas. *Information Processing Letters*, 8(3) :121–123, Mars 1979.

[Coo71] Stephen A. Cook. The complexity of theorem proving procedures. Dans *Conference Record of Third Annual ACM Symposium on Theory of Computing (STOC'71)*, pages 151–158, Shaker Heights, OH, USA, Mai 1971. ACM Press.

Donner un algorithme linéaire qui décide si une formule 2-SAT φ est satisfaisable. On rappelle qu'une 2-clause est la disjonction de 2 littéraux. Une instance de 2-SAT est une conjonction de 2-clauses.

Suggestion : On pourra associer le graphe suivant G_φ à une formule 2-SAT φ : à chaque littéral l défini sur l'ensemble des variables, on associe un sommet v_l. A la clause $l \wedge l'$, on associe les arêtes $(v_{\neg l}, v_{l'})$ et $(v_{\neg l'}, v_l)$.

12.1. Que peut-on dire sur φ s'il existe une variable p telle que v_p et $v_{\neg p}$ figurent dans une même composante fortement connexe de G_φ ?

12.2. Si φ est satisfaisable, en notant H_φ le graphe dont les sommets correspondent aux composantes fortement connexes de G_φ, et où deux sommets sont reliés si les composantes connexes correspondantes le sont, que peut-on dire des sommets associés à p et $\neg p$?

Énumération et réseaux[1]

(corrigé pp. 95–102)

Dans un système distribué, l'existence d'une numérotation des sites est une condition importante requise par de nombreux algorithmes répartis. Si une telle existence est immédiate à assurer dans le cas où un site est privilégié (il va alors « distribuer » les noms), c'est loin d'être aussi facile dans le cas de sites identiques et anonymes. Un protocole d'énumération est précisément un algorithme distribué qui permet à chaque site de se voir attribuer un entier distinct entre 1 et n (où n est le nombre de sites du réseau).

Le but du problème est de montrer que pour une classe de réseaux, dits ambigus, il n'existe pas de protocole d'énumération, et qu'il existe un protocole qui est un protocole d'énumération pour tous les réseaux non ambigus.

Le lecteur intéressé pourra consulter [Maz97] pour des développements autour de ces thèmes.

Bibliographie

[Maz97] Antoni W. Mazurkiewicz. Locally computable enumerations. Dans Bogdan S. Chlebus et Ludwik Czaja, éditeurs, *Fundamentals of Computation Theory*, volume 1279 de *Lect. Notes in Comp. Sci.*, pages 51–66, Krakow, Poland, Sept. 1997. 11th International Symposium FCT'97, Springer.

Dans ce sujet, un graphe désigne un couple $\mathcal{G} = (S, A)$ dans lequel S est l'ensemble des sommets et A est l'ensemble des arêtes du graphe. Une arête est une paire $\{s_i; s_j\}$ de sommets, c'est à dire que s_i et s_j sont deux éléments distincts de S. Un tel graphe est dit fini s'il n'a qu'un nombre fini de sommets (et donc également un nombre fini d'arêtes). Un chemin entre deux sommets s et s' est une suite d'arêtes $(\{s_i; s'_i\}, 0 \leqslant i \leqslant n)$ telles que $s = s_0$, $s' = s'_n$ et $s'_i = s_{i+1}$ pour tout $0 \leqslant i < n$. Un graphe est dit connexe s'il existe au moins un chemin entre chaque

---

[1] Problème posé au concours d'entrée en troisième année de l'ENS de Cachan, section informatique, en 1998.

paire de sommets. Un sommet s' tel que $\{s; s'\} \in A$ est dit un voisin de s. Le voisinage d'un sommet s est l'ensemble $V(s)$ constitué de s et de l'ensemble des voisins de s.

Un tel graphe nous sert à représenter un réseau de processeurs communicants : chaque sommet figure un processeur et chaque arête un canal bidirectionnel reliant les processeurs associés à ses sommets. Dans la suite un *réseau* désigne un graphe connexe fini ayant au moins deux sommets distincts (donc chaque sommet admet au moins un voisin). Un étiquetage est une application qui associe une étiquette $\ell \in L$ à chaque sommet du réseau. Un élément de L sera parfois utilisé pour représenter un état local, c'est à dire l'état d'un processeur, dans ce cas un tel étiquetage sera appelé état du réseau (relatif à L).

Un protocole $\mathcal{P} = (L, R)$ consiste en un ensemble L d'états locaux et en un ensemble R de règles de la forme $r = ((\ell_0', \ell_1', \ldots, \ell_k')(\ell_0'', \ell_1'', \ldots \ell_k''))$ où les ℓ_i' et les ℓ_i'' sont des états locaux ; c'est à dire que R est un sous ensemble de $\bigcup_{k \geqslant 1} L^k \times L^k$. On dit que l'état σ'' d'un réseau $\mathcal{R}$ dérive de l'état σ' par application de la règle $r = ((\ell_0', \ell_1', \ldots, \ell_k')(\ell_0'', \ell_1'', \ldots \ell_k''))$ du protocole $\mathcal{P}$ au sommet s du réseau, ce qu'on note $\sigma'[r/s > \sigma''$ (le réseau et le protocole étant implicites), si on peut trouver une énumération $V(s) = \{s_0, s_1, \ldots, s_k\}$ du voisinage de s avec $s = s_0$ telle que $\sigma'(s_i) = \ell_i'$ et $\sigma''(s_i) = \ell_i''$ pour $0 \leqslant i \leqslant k$ et $\sigma''(s') = \sigma'(s')$ pour $s' \notin V(s)$. C'est à dire que chaque processeur peut changer son état local et celui de ses voisins lorsque l'état de son voisinage est conforme à une des règles du protocole. Une exécution du protocole sur le réseau à partir d'un état σ_0 est une suite de dérivations $(\sigma_i[r_i/s_i > \sigma_i', i \in I)$ avec $I = \{0; \ldots; m\}$ ou $I = \mathbb{N}$, telle que $\sigma_i' = \sigma_{i+1}$ pour tout $i \in I \smallsetminus \{m\}$. Une exécution est dite finie si I est de la forme $\{0; \ldots; m\}$ et elle est dite terminée si de plus aucune dérivation n'est possible en σ_m', cet état est alors appelé résultat de l'exécution.

$\mathcal{P} = (L, R)$ est un protocole d'énumération pour le réseau $\mathcal{R} = (S, A)$ où $S = \{s_1; \ldots; s_n\}$, si L est de la forme $L = \mathbb{N} \times L'$ et s'il existe un état local $\ell_0 \in L$ tel que toute exécution à partir de l'état σ_0 tel que $\sigma_0(s) = \ell_0$ pour tout $s \in S$, se termine et le résultat de cette exécution est un état σ tel que $\sigma(s_i) = (n_i, \ell_i')$ avec $\{n_i \mid 1 \leqslant i \leqslant n\} = \{1; \ldots; n\}$; c'est à dire que toute exécution du protocole à partir de σ_0 termine et fournit une énumération des processus du réseau.

Les questions les plus difficiles sont marquées d'une astérisque.

§1. Réseaux ambigus

Considérons un étiquetage $\lambda \colon S \to E$ d'un réseau $\mathcal{R} = (S, A)$ à valeurs dans un ensemble E. Si $X \subseteq S$, on note $\lambda(X) = \{\lambda(s) \mid s \in X\}$; en particulier si $a = \{s; s'\} \in A$, $\lambda(a) = \{\lambda(s); \lambda(s')\}$. L'étiquetage λ est dit *localement bijectif* si

i) il est injectif au voisinage de chaque sommet : $\forall s \in S \quad \forall s', s'' \in V(s) \quad \lambda(s') = \lambda(s'') \;\Rightarrow\; s' = s''$

ii) deux noeuds similaires (*i.e.* ayant la même valeur par λ) ont des voisinages similaires : $\forall s', s'' \in S \quad \lambda(s') = \lambda(s'') \;\Rightarrow\; \lambda(V(s')) = \lambda(V(s''))$.

Un réseau est dit *ambigu* s'il admet un étiquetage localement bijectif qui n'est pas injectif. Notons $\mathrm{sim}_\lambda(s) = \{s' \in S \mid \lambda(s') = \lambda(s)\}$ (respectivement $\mathrm{sim}_\lambda(a) = \{a' \in A \mid \lambda(a') = \lambda(a)\}$) l'ensemble des sommets (resp. des arêtes) similaires au sommet s (resp. à l'arête a) vis à vis de λ.

1.1. Montrer que les réseaux suivants sont ambigus.

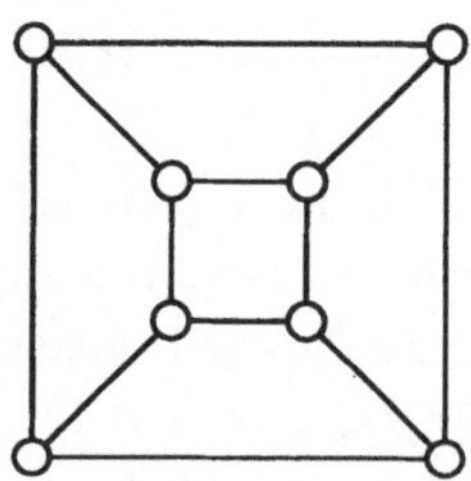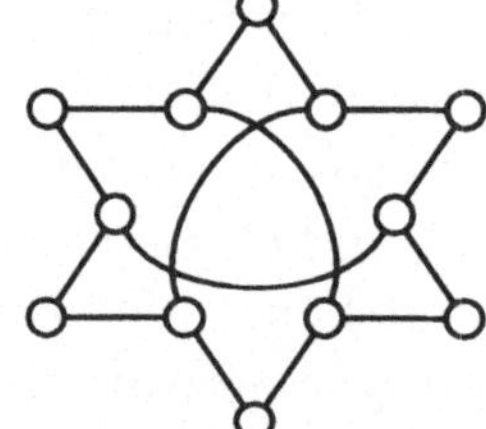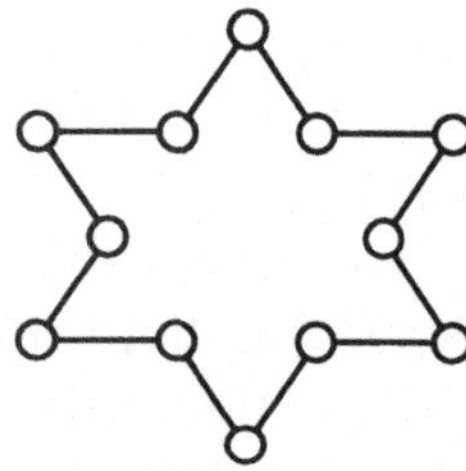

1.2. Montrer que si $\lambda \colon S \to E$ est un étiquetage localement bijectif d'un réseau $\mathcal{R} = (S, A)$, alors

 – deux sommets similaires ont des voisinages disjoints et deux arêtes similaires sont disjointes.

 – il existe un entier k, appelé ordre de la bijection locale, tel que $\forall s \in S \quad \forall a \in A \quad |\mathrm{sim}_\lambda(s)| = |\mathrm{sim}_\lambda(a)| = k$ où $|X|$ désigne le nombre d'éléments de l'ensemble X.

Que peut on dire d'un réseau dont toutes les bijections locales sont d'ordre 1 ?

1.3. Montrer qu'un réseau complet $\mathcal{R} = (S, A)$, c'est à dire tel que $A = \{\{s_1; s_2\} \mid s_1, s_2 \in S\}$, est non ambigu.

1.4. Montrer qu'un réseau ayant un nombre premier de sommets ou un nombre premier d'arêtes est non ambigu.

1.5. Un réseau $\mathcal{R} = (S, A)$ est un arbre si pour toute paire de sommets il existe un et un seul chemin élémentaire (c'est à dire dans lequel une même arête apparaît au plus une fois) les joignant. On rappelle que dans ce cas $|A| = |S| - 1$. Montrer qu'un tel réseau est non ambigu.

1.6. Soient $s_1, \ldots, s_n$ des sommets ayant des voisinages disjoints et $r_1, \ldots, r_n$ des règles d'un protocole telles que l'on ait des dérivations $\sigma[r_i/s_i > \sigma_i$, montrer que pour toute permutation τ de $\{1; \ldots; n\}$ on peut trouver une suite de dérivations

$$\sigma[r_{\tau(1)}/s_{\tau(1)} > \sigma_{\tau,1}[r_{\tau(2)}/s_{\tau(2)} > \sigma_{\tau,2}[r_{\tau(3)}/s_{\tau(3)} > \cdots$$
$$\sigma_{\tau,n-1}[r_{\tau(n)}/s_{\tau(n)} > \sigma_{\tau,n}$$

de sorte que l'état $\sigma_{\tau,n}$ soit indépendant de la permutation τ, notons le σ_n. On dit dans ce cas que les dérivations $\sigma[r_i/s_i > \sigma_i$ sont indépendantes en l'état s et on note $\sigma[\{r_i/s_i\}_{1 \leqslant i \leqslant n} > \sigma_n$ l'ensemble de ces suites de dérivations.

1.7. Soit $\lambda\colon S \to E$ un étiquetage localement bijectif d'un réseau $\mathcal{R} = (S, A)$, un état $\sigma\colon S \to L$ est dit λ-compatible si $\lambda(s) = \lambda(s') \Rightarrow \sigma(s) = \sigma(s')$. Montrer que si σ est un état λ-compatible et $\sigma[r/s > \sigma'$ une dérivation alors on a une dérivation parallèle $\sigma[\{r/s' \mid s' \in \mathrm{sim}_\lambda(s)\} > \sigma''$ avec σ'' un état λ-compatible.

1.8. Montrer qu'il n'existe pas de protocole d'énumération pour un réseau ambigu.

§2. Un protocole d'énumération universel

1. Préliminaires

Soit X un ensemble fini. Une application $f\colon X \to \mathbb{N}$ est dite *connexe* si son image est un segment initial de $\mathbb{N} \smallsetminus \{0\}$, c'est à dire $\forall x \in X,\ f(x) > 1 \Rightarrow \exists y \in X$ t.q. $f(y) = f(x) - 1$. L'ensemble $\mathcal{C}(X)$ des fonctions connexes sur X est muni de la relation d'ordre point à point : $f \leqslant g \Leftrightarrow \forall x \in X,\ f(x) \leqslant g(x)$. La fonction constante égale à 0 est le plus petit élément de $\mathcal{C}(X)$.

2.1. Montrer que les éléments maximaux de $\mathcal{C}(X)$ sont les énumérations de X, c'est à dire les applications connexes $f\colon X \to \mathbb{N}$ injectives.

2.2. Si Y est une partie finie de $\mathbb{N}$, $\max(Y)$ désigne le plus grand entier se trouvant dans Y avec par convention $\max(\varnothing) = 0$. Si $f \in \mathcal{C}(X)$ et $Y \subseteq X$ et $x_0, x_1 \in X$ tels que $x_0 \neq x_1$ et $f(x_0) = 0$ ou $f(x_0) = f(x_1)$ montrer que l'application g définie par

$$g(x) = \begin{cases} \max\{f(y) \mid y \in Y\} + 1 & \text{si } x = x_0 \\ f(x) & \text{sinon} \end{cases}$$

est connexe.

2.3. ($\star$) Montrer que la relation $A \prec B \;\Leftrightarrow\; \max(A \smallsetminus B) < \max(B \smallsetminus A)$ est une relation d'ordre totale stricte sur l'ensemble des parties finies de $\mathbb{N}$. On notera $\preceq$ l'ordre large correspondant :

$$A \preceq B \;\Leftrightarrow\; (A \prec B) \vee (A = B).$$

2. Le protocole

L'ensemble des états locaux du protocole est $L = \mathbb{N} \times 2^{\mathbb{N}} \times 2^{(\mathbb{N} \times 2^{\mathbb{N}})}$ où 2^X désigne l'ensemble des parties de l'ensemble $X : 2^X = \{Y | Y \subseteq X\}$. Un état local est donc un triplet $\ell = (n, R, B)$ dans lequel n est un entier appelé *identificateur*, R est un ensemble d'entiers appelé le *registre* et enfin B appelé la *boîte aux lettres* est un ensemble de *messages*, un message étant une paire constituée d'un entier identifiant l'origine du message et du message proprement dit qui est un ensemble d'entiers. L'ensemble R des règles du protocole est défini comme suit :
$r \;=\; ((\ell'_0, \ell'_1, \ldots, \ell'_k)(\ell''_0, \ell''_1, \ldots \ell''_k))$, avec $\ell'_i \;=\; (n'_i, R'_i, B'_i)$ et $\ell''_i \;=\; (n''_i, R''_i, B''_i)$, appartient à R si, et seulement si :

– soit il existe un entier i dans $\{1, \ldots k\}$ tel que $B'_i \neq B'_0$ et pour tout entier i dans $\{1, \ldots k\}$ on a $n''_i = n'_i$ et $R''_i = R'_i$ et $B''_i = \bigcup_{0 \leqslant j \leqslant k} B'_j$,

– soit on a
  – $R''_0 = R'_0$,
  – $n'_0 = 0 \vee (n'_0 > 0 \wedge \exists R \quad (n'_0, R) \in B'_0 \wedge R'_0 \prec R)$,
  – $n''_0 = 1 + \max\{n \mid \exists R \text{ t.q. } (n, R) \in B'_0\}$
  et, pour tout $i \in \{1, \ldots, k\}$,
  – $B'_i = B'_0$,
  – $n''_i = n'_i$,
  – $R''_i = (R'_i \smallsetminus \{n'_0\}) \cup \{n''_0\}$
  – $B''_i = B'_i \cup \{(n''_j, R''_j) \mid 0 \leqslant j \leqslant k\}$.

Autrement dit ou bien les boîtes à lettres des sommets dans le voisinage du sommet considéré n'ont pas le même contenu, auquel cas on unifie le contenu de ces boîtes à lettres qui sont alors mises à jour (chacune d'entre elles est remplacée par leur union) ou bien toutes ces boîtes à lettres ont le même contenu et alors si l'identificateur du sommet considéré est 0 ou si sa boîte à lettres contient un message dont le contenu est strictement plus grand que le registre de ce sommet et provenant d'un sommet ayant le même identificateur que lui, alors on modifie l'identificateur de ce sommet en lui attribuant la valeur $k+1$ où k est le plus grand identificateur apparaissant dans sa boîte à lettres et on répercute cette modification dans les registres et les boîtes à lettres de ses voisins ainsi que dans sa propre boîte à lettres. On pose σ_0 l'état qui attribue la valeur $(0, \varnothing, \varnothing)$ à tous les sommets du réseau.

Remarquons qu'il existe au plus une règle r de ce protocole pouvant s'appliquer en un sommet donné s d'un réseau donné dans un état σ donné. On notera alors simplement $\sigma[s > \sigma'$ pour signifier que l'état σ' dérive de l'état σ par l'application d'une règle de ce protocole au sommet s.

2.4. Indiquer la valeur des états σ_1 à σ_5 du réseau

$$s_1 \; \circ\!\!-\!\!-\!\!-\!\!-\!\!-\!\!-\!\!-\!\!-\!\!-\!\!\circ \; s_2 \;\; \circ\!\!-\!\!-\!\!-\!\!-\!\!-\!\!-\!\!-\!\!-\!\!-\!\!\circ \; s_3$$

rencontrés lors de l'exécution suivante du protocole

$$\sigma_0[s_1 > \sigma_1[s_2 > \sigma_2[s_3 > \sigma_3[s_2 > \sigma_4[s_2 > \sigma_5$$

Cette exécution est elle terminée ?

Soit $\mathcal{R} = (S, A)$ un réseau et

$$\sigma_0[s_0 > \sigma_1[s_1 > \ldots \sigma_i[s_i > \sigma_{i+1}[s_{i+1} > \ldots$$

une exécution de ce protocole à partir de l'état σ_0, on pose $\sigma_i(s) = (n_i(s), R_i(s), B_i(s))$ et $N_i(s) = \{k \mid \exists R \text{ t.q. } (k, R) \in B_i(s)\}$ c'est à dire que $N_i(s)$ est l'ensemble des identificateurs « connus » par le sommet s en l'état σ_i.

2.5. Montrer que $n_i(s) \leqslant n_{i+1}(s)$, $R_i(s) \preceq R_{i+1}(s)$ et $B_i(s) \subseteq B_{i+1}(s)$.

2.6. $(\star)$ Montrer que si $n_i(s) = n > 0$, alors il existe un $s' \in S$ tel que $n_{i+1}(s') = n$ et $R_i(s) \preceq R_{i+1}(s')$.

2.7. Montrer que si $s' \in V(s)$ et $n_i(s') = n > 0$, alors $n \in N_i(s)$.

2.8. ($\star$) Montrer que si $s', s'' \in V(s)$ et $n_i(s') = n_i(s'') > 0$, alors $s' = s''$.

2.9. ($\star$) Montrer que $R_i(s) = n_i(V(s) \smallsetminus \{s\}) \smallsetminus \{0\}$.

2.10. Montrer que l'application n_i est connexe et que $n_i(s) \leqslant |S|$.

2.11. Montrer que toute exécution du protocole à partir de l'état σ_0 se termine.

2.12. Si σ_m est le résultat d'une exécution du protocole à partir de l'état σ_0, montrer que pour $s, s', s'' \in S$ on a

    i) $B_m(s') = B_m(s'')$,

    ii) $n_m(s) > 0$,

    iii) $R_m(s) = n_m(V(s) \smallsetminus \{s\})$,

    iv) $n_m(s') = n_m(s'') \Rightarrow n_m(V(s') \smallsetminus \{s'\}) = n_m(V(s'') \smallsetminus \{s''\})$,

    v) n_m est localement bijective.

2.13. Montrer que ce protocole est un protocole d'énumération pour tout réseau non ambigu.

Traces finies[1]

(corrigé pp. 103–114)

Il est classique de modéliser l'exécution d'un processus séquentiel par une suite totalement ordonnée d'actions. Une telle suite est alors appelée « mot » et un processus est représenté par un langage i.e. l'ensemble des mots correspondant à toutes ses exécutions possibles.

La théorie des langages (formels), qui s'est développée depuis le début des années 60, est largement issue de cette modélisation. Elle a ainsi permis, entre autres, d'étudier de nombreux moyens équivalents pour définir les langages. Ces résultats sont souvent à la base des techniques et méthodes employées pour effectuer la vérification des programmes [SBB+99], dont l'importance économique et sociale est de jour en jour grandissante.

Dans le cas d'un processus distribué ou parallèle, les différentes actions d'une exécution ne forment plus un ordre total mais simplement un ordre partiel. Sous certaines conditions simples et naturelles, un tel ordre partiel s'appelle une trace. Naturellement, de nombreux chercheurs se sont intéressés à l'extension aux traces des résultats principaux existant sur les mots, faisant ainsi de la théorie des traces un des modèles les plus étudiés du parallélisme.

L'objectif de ce problème est de montrer quelques-unes de ces extensions.

Le lecteur souhaitant en savoir plus sur cette théorie pourra consulter avec profit l'ouvrage de synthèse [DR95].

Bibliographie

[DR95]   Volker Diekert et Grzegorz Rozenberg. *The Book of Traces*. World Scientific, 1995.

[SBB+99] Philippe Schnoebelen, Béatrice Bérard, Michel Bidoit, François Laroussinie, et Antoine Petit. *Vérification de logiciels : techniques et outils du model-checking*. Vuibert, Mai 1999.

---

[1] Problème posé au concours de l'Agrégation de Mathématiques en 1998.

Dans tout le problème, A désigne un alphabet fini. Un mot u sur A est une suite finie $(a_1, \ldots, a_n)$. Ce mot sera noté simplement $u = a_1 \ldots a_n$ si aucune confusion n'est possible. L'entier n est la longueur du mot u, notée $|u|$. Le mot vide, noté 1, est l'unique mot de longueur nulle. Pour toute lettre a de A, le nombre d'occurrences de la lettre a dans le mot u est noté $|u|_a$. Le sous-ensemble de A constitué des lettres ayant au moins une occurrence dans le mot u est appelé alphabet du mot u et est noté $\mathrm{alph}(u)$. L'ensemble de tous les mots sur un alphabet A muni de l'opération binaire de concaténation (*i.e.* de "mise bout à bout") a une structure de monoïde dont l'élément neutre est le mot vide. C'est le monoïde libre engendré par A, noté A^*. La concaténation de $u, v \in A^*$ est notée simplement uv.

On munit A d'une relation $I \subseteq A \times A$ anti-réflexive et symétrique, dite relation d'indépendance. Le complémentaire de I est la relation de dépendance $D = (A \times A) \smallsetminus I$. Intuitivement deux actions indépendantes peuvent être exécutées simultanément par des processeurs distincts. Deux sous-ensembles B et C de A sont dits indépendants si $B \times C \subseteq I$. Deux mots $u, v \in A^*$ sont dits indépendants si leurs alphabets $\mathrm{alph}(u)$ et $\mathrm{alph}(v)$ le sont. Par abus de notation, on note alors simplement $(u, v) \in I$.

La relation I induit une relation binaire R sur A^* définie par :

$$R = \{(uabv, ubav) \mid u, v \in A^*, (a, b) \in I\}$$

La clôture réflexive et transitive de la relation R est notée $\sim_I$ ou simplement $\sim$. Deux mots u, v de A^* vérifiant $u \sim_I v$ sont dits $\sim_I$-équivalents ou simplement équivalents.

exemple 1 : Soit $A = \{a, b, c, d\}$ et $I = \{(a, b), (b, a), (b, c), (c, b)\}$. Nous avons alors $aabcbcd \sim_I baaccbd \sim_I aabbccd$. Les mots $acaa$ et bb sont indépendants, par contre les mots $acaa$ et bd ne le sont pas.

On note $\mathbb{M}(A, I)$ le quotient du monoïde libre A^* par la relation d'équivalence $\sim_I$. Un élément de $\mathbb{M}(A, I)$ est appelé trace et $\mathbb{M}(A, I)$ est le monoïde des traces engendré par A et I.

§1. Combinatoire

1.1. Soient u, v deux mots équivalents. Montrer que $|u|_a = |v|_a$ pour toute lettre a de A et que $\mathrm{alph}(u) = \mathrm{alph}(v)$ et $|u| = |v|$.

1.2. Si $B \subseteq A$, on note Π_B la projection de A^* sur B^* effaçant toutes les lettres n'appartenant pas à B. Montrer que deux mots sont équivalents si, et seulement si, $\prod_{\{a,b\}}(u) = \prod_{\{a,b\}}(v)$ pour tout couple $(a,b) \in D$.

1.3. En déduire un algorithme linéaire en la longueur du mot pour décider si deux mots sont équivalents.

1.4. Montrer que si u, v, x et y sont des mots vérifiant $xuy \sim_I xvy$ alors $u \sim_I v$.

1.5. Soit u un mot. Une lettre a est dite minimale dans u, on note alors $a \in \min u$, si $u = u'au''$ avec $(a, u') \in I$. Montrer que $a \in \min u$ si, et seulement si :

$$\forall b \in A, (a, b) \in D \Longrightarrow \prod_{\{a,b\}}(u) \text{ commence par la lettre } a$$

1.6. Déterminer un algorithme qui énumère tous les mots équivalents à un mot donné. Quelle est la complexité de cet algorithme dans le pire des cas ?

§2. Formes normales

On munit maintenant l'alphabet A d'une relation d'ordre total $<$. Cette relation définit une relation d'ordre total sur A^* (notée encore $<$ par abus de notation), dit ordre lexicographique, par $u < v$ si ou bien $v = uw$ avec $w \neq 1$ ou bien $u = xay, v = xbz$ avec $a, b \in A$ et $a < b$. Un mot u est dit sous forme normale lexicographique s'il est plus petit que tout autre mot équivalent :

$$\forall v \in A^*, u \sim_I v \Longrightarrow u = v \text{ ou } u < v$$

2.1. Déterminer un algorithme linéaire en la longueur du mot calculant l'unique mot sous forme normale lexicographique équivalent à un mot donné.

Un mot non vide u est sous forme normale de Foata si $u = u_1 \ldots u_n$ avec, pour tout i dans $\{1, \ldots, n\}$:

- $\forall a \in \mathrm{alph}(u_i), |u_i|_a = 1$ (F1)
- $\forall a, b \in \mathrm{alph}(u_i), a = b$ ou $(a, b) \in I$ (F2)
- u_i est un mot sous forme normale lexicographique   (F3)

$\quad$ – si $i \geqslant 2$, $\forall b \in \mathrm{alph}(u_i)$, $\exists a \in \mathrm{alph}(u_{i-1})$ tel que $(a,b) \in D$ $\qquad$ (F4)

2.2. Un mot sous forme normale lexicographique est-il toujours sous forme normale de Foata ? Et réciproquement ?

2.3. Montrer qu'il existe un unique mot sous forme normale de Foata équivalent à un mot donné.

2.4. Déterminer un algorithme linéaire en la longueur du mot calculant l'unique mot sous forme normale de Foata équivalent à un mot donné.

§3. Reconnaissables

$\quad$ Soit M un monoïde d'élément neutre 1_M. Un sous-ensemble $X \subseteq M$ est dit reconnaissable s'il existe un morphisme η de M dans un monoïde fini S et un sous-ensemble $F \subseteq S$ tels que $X = \eta^{-1}(F)$. On dira aussi que le morphisme η reconnaît X. L'ensemble des sous-ensembles reconnaissables de M est noté $\mathrm{Rec}(M)$.

$\quad$ La concaténation de $K, L \subseteq M$ est définie par :

$$KL = \{kl \mid k \in K, l \in L\}$$

et l'itération de $K \subseteq M$ par :

$$K^* = \bigcup_{n \geqslant 0} K^n \text{ où } K^0 = \{1_M\} \text{ et } K^{n+1} = K^n K \text{ pour tout } n \geqslant 0$$

L'ensemble des parties rationnelles de M, noté $\mathrm{Rat}(M)$, est la plus petite famille de parties contenant les parties finies et close par union, concaténation et itération.

$\quad$ Le théorème de Kleene assure que dans le monoïde libre, les langages rationnels et les langages reconnaissables coïncident : $\mathrm{Rec}(A^*) = \mathrm{Rat}(A^*)$.

$\quad$ Cette partie du problème et la suivante ont pour objet d'établir un équivalent de ce théorème pour les monoïdes de traces.

$\quad$ D'après la question **1.1** on peut définir sans ambiguïté l'alphabet d'une trace et son nombre d'occurrences d'une lettre donnée, on étend alors les notations $\mathrm{alph}(\cdot)$, $|\cdot|$ et $|\cdot|_a$ aux éléments de $\mathbb{M}(A, I)$. Si $u, v \in \mathbb{M}(A, I)$ sont deux traces, on notera encore $(u, v) \in I$ si $\mathrm{alph}(u)$ et $\mathrm{alph}(v)$ sont indépendants.

Une trace $t \in \mathbb{M}(A, I)$ est dite connexe si la relation de dépendance D restreinte à alph(t), c'est à dire le graphe (alph(t), $D \cap$ (alph(t) × alph(t))), est un graphe connexe. La notion de mot connexe est définie de manière analogue. Soit φ la surjection canonique de A^* sur $\mathbb{M}(A, I)$. Si l'on reprend l'exemple 1 ci-dessus, les traces $\varphi(abccbd)$ et $\varphi(bdd)$ sont connexes alors que $\varphi(abccb)$ et $\varphi(cbb)$ ne le sont pas.

Une composante connexe d'une trace t est une trace connexe non vide u telle que $t = uv$ avec $(u, v) \in I$. Si $T \subseteq \mathbb{M}(A, I)$ est un langage de traces, on note c(T) l'ensemble de toutes les composantes connexes des éléments de T.

Sur $\mathbb{M}(A, I)$, l'itération concurrente c-$*$ est alors définie pour tout langage de traces $T \subseteq \mathbb{M}(A, I)$, par $T^{c\text{-}*} = (c(T))^*$. L'ensemble des langages c-rationnels de $\mathbb{M}(A, I)$, noté c-Rat($\mathbb{M}(A, I)$), est la plus petite famille de langages de $\mathbb{M}(A, I)$ contenant les langages finis et close par les opérations d'union, concaténation et itération concurrente.

3.1. Soit $T \subseteq \mathbb{M}(A, I)$ un langage de traces. Si $u \in \mathbb{M}(A, I)$ est une trace, on note $u^{-1}T$ l'ensemble $\{v \in \mathbb{M}(A, I) \mid uv \in T\}$. Montrer que les trois assertions suivantes sont équivalentes.

   i) Le langage T est reconnaissable.

   ii) L'ensemble $\varphi^{-1}(T)$ est un langage reconnaissable de A^*.

   iii) La famille $\{u^{-1}T \mid u \in \mathbb{M}(A, I)\}$ est finie.

3.2. Un morphisme η défini sur $\mathbb{M}(A, I)$ est dit alphabétique si alph(u) = alph(v) dès que $\eta(u) = \eta(v)$. Montrer qu'un langage de traces est reconnaissable si, et seulement si, il est reconnu par un morphisme alphabétique.

3.3. Montrer que si T est un langage reconnaissable, le langage c(T) est encore reconnaissable.

3.4. On note FNL l'ensemble de tous les mots de A^* sous forme normale lexicographique (*cf* partie 2). Montrer que FNL est un langage reconnaissable de A^*.

3.5. Soit w un mot de FNL tel que w^2 soit aussi dans FNL. Montrer que w est connexe.

3.6. Montrer que Rec($\mathbb{M}(A, I)$) $\subseteq c$-Rat($\mathbb{M}(A, I)$).

§4. Rang

On veut maintenant démontrer réciproquement que tout langage de c-Rat($\mathbb{M}(A, I)$) est dans Rec($\mathbb{M}(A, I)$).

4.1. Soient $x, y, u_0, \ldots, u_n$ $n + 3$ mots de A^*. Montrer que les assertions suivantes sont équivalentes.

    i) $xy \sim u_0 \ldots u_n$.

    ii) Il existe des mots $x_0, \ldots, x_n, y_0, \ldots, y_n$ tels que :

        $-\ x \sim x_0 \ldots x_n,\ y \sim y_0 \ldots y_n$

        $-\ u_i \sim x_i y_i$ pour tout $0 \leqslant i \leqslant n$

        $-\ (y_i, x_{i+1} \ldots x_n) \in I$ pour tout $0 \leqslant i < n$

Soient $x, y \in A^*$ et L un langage de A^*. D'après la question précédente, le produit xy est équivalent à un élément de L s'il existe des mots $x_0, y_0, \ldots, x_n, y_n$ de A^* tels que $x \sim_I x_0 \ldots x_n$, $y \sim_I y_0 \ldots y_n$, $x_0 y_0 x_1 y_1 \ldots x_n y_n \in L$ et $(y_i, x_{i+1} \ldots x_n) \in I$ pour tout $0 \leqslant i < n$. On définit alors rang(x, y, L) comme étant le plus petit entier n pour lequel une telle factorisation est possible. Le rang (fini ou infini) d'un langage $L \subseteq A^*$ est alors

$$\text{rang}(L) = \max\{\text{rang}(x, y, L) \mid x, y \in A^*, xy \in \varphi^{-1}(\varphi(L))\}$$

Un langage $L \subseteq A^*$ est dit I-clos (ou simplement clos) si tout mot équivalent à un mot de L est encore dans L.

4.2. On considère l'alphabet $A = \{a, b\}$ et la relation d'indépendance $I = \{(a, b), (b, a)\}$. Calculer rang($\{ab\}^*$) et rang($\{a\}^* \{b\}^*$).

4.3. Soient $L_1, L_2 \subseteq A^*$ deux langages I-clos. Montrer que rang($L_1 L_2$) $\leqslant$ 1.

4.4. Soit $L \subseteq A^*$ un langage I-clos connexe. Montrer que rang(L^*) < $2|A|$.

4.5. Soit $L \subseteq A^*$ un langage reconnaissable de rang fini. Montrer que $\varphi(L)$ est un langage reconnaissable de traces.

4.6. Que dire de la réciproque de la question précédente ?

4.7. Montrer que c-Rat($\mathbb{M}(A, I)$) $\subseteq$ Rec($\mathbb{M}(A, I)$).

§5. Graphes de dépendance

On note ω le cardinal de l'ensemble $\mathbb{N}$ des entiers naturels. L'addition usuelle dans $\mathbb{N}$ est étendue en posant $\omega + n = n + \omega = \omega$ pour tout

$n \in \mathbb{N} \cup \{\omega\}$. Pour $a \in A$ et $n \in \mathbb{N} \cup \{\omega\}$, on définit l'ensemble des sommets $V_a(n) = \{(a,i) \mid i < n\}$.

Un graphe de dépendance sur (A, I) est une paire $g = ((n_a)_{a \in A}, E)$ où $n_a \in \mathbb{N} \cup \{\omega\}$ pour tout $a \in A$ et $E \subseteq V \times V$ avec $V = \bigcup_{a \in A} V_a(n_a)$ vérifiant les trois conditions :

- E est sans cycle : $\forall v \in V, (v,v) \notin E^+$ (où E^+ désigne la clôture transitive de E) $\hspace{2cm}$ (C1)
- $\forall a, b \in A, \forall x \in V_a(n_a), \forall y \in V_b(n_b)$:

$$(a,b) \in D \;\Leftrightarrow\; ((x,y) \in E \text{ ou } (y,x) \in E \text{ ou } x = y) \hspace{1.5cm} \text{(C2)}$$

- $\forall a \in A, \forall (a,i), (a,j) \in V_a(n_a)$:

$$((a,i),(a,j)) \in E \;\Leftrightarrow\; i < j \hspace{2cm} \text{(C3)}$$

L'ensemble des graphes de dépendance sur (A, I) est noté $\mathbb{G}(A, I)$. Le sous-ensemble de $\mathbb{G}(A, I)$ constitué des graphes ayant un nombre fini de sommets est noté $\mathbb{F}(A, I)$. Pour $g = ((n_a)_{a \in A}, E_g) \in \mathbb{G}(A, I)$, on définit $\mathrm{alph}(g) = \{a \in A \mid n_a \neq 0\}$ et $\mathrm{alphinf}(g) = \{a \in A \mid n_a = \omega\}$.

On définit une opération de concaténation partielle dans $\mathbb{G}(A, I)$ de la manière suivante. Soient $g = ((n_a)_{a \in A}, E_g) \in \mathbb{G}(A, I)$ et $h = ((m_a)_{a \in A}, E_h) \in \mathbb{G}(A, I)$ avec $\mathrm{alphinf}(g) \times \mathrm{alph}(h) \subseteq I$ (cette condition est trivialement vérifiée si $g \in \mathbb{F}(A, I)$), la concaténation de g et h, notée $g \cdot h$ est le graphe de dépendance $f = ((n_a + m_a)_{a \in A}, E_f)$ avec

$$E_f = E_g \;\; \bigcup \;\{((a, n_a + i), (b, n_b + j)) \mid ((a,i),(b,j)) \in E_h\}$$
$$\bigcup \;\{((a,i), (b, n_b + j)) \mid (a,b) \in D, i < n_a, j < m_b\}$$

5.1. Montrer que $\mathbb{F}(A, I)$ muni de la concaténation est isomorphe à $\mathbb{M}(A, I)$.

Soient $g, f \in \mathbb{G}(A, I)$, g est un préfixe de f s'il existe $h \in \mathbb{G}(A, I)$ tel que $f = g \cdot h$. La relation « être préfixe de » est une relation d'ordre partiel sur $\mathbb{G}(A, I)$, notée $\leqslant$.

Soit $(Z, \leqslant)$ un ensemble partiellement ordonné. Un sous-ensemble $Y \subseteq Z$ est cohérent si pour tout $x, y \in Y$ il existe $z \in Z$ tel que $x \leqslant z$ et $y \leqslant z$. Un sous-ensemble non vide $Y \subseteq Z$ est dirigé si pour tout $x, y \in Y$ il existe $z \in Y$ tel que $x \leqslant z$ et $y \leqslant z$. Un élément $x \in Z$ est premier (resp. compact) si pour tout sous-ensemble (resp. pour tout sous ensemble dirigé) $Y \subseteq Z$ admettant une borne supérieure $\sqcup Y$, $x \leqslant \sqcup Y$ entraine l'existence d'un élément $y \in Y$ tel que $x \leqslant y$.

5.2. Montrer qu'un ensemble $K \subseteq \mathbb{G}(A, I)$ est cohérent si, et seulement si, il admet une borne supérieure.

5.3. Caractériser les éléments premiers de $\mathbb{G}(A, I)$ et montrer que tout graphe de dépendance est la borne supérieure de l'ensemble des éléments premiers qui lui sont inférieurs ou égaux.

5.4. Caractériser les éléments compacts de $\mathbb{G}(A, I)$ et montrer que tout graphe de dépendance est la borne supérieure de l'ensemble des éléments compacts qui lui sont inférieurs ou égaux.

5.5. Montrer que tout élément de $\mathbb{G}(A, I)$ est la borne supérieure d'une suite croissante d'éléments de $\mathbb{F}(A, I)$.

§6. Équations

6.1. Soit M un monoïde d'élément neutre 1_M. Une longueur est un morphisme γ de M dans $\mathbb{N}$ telle que $\gamma^{-1}(0) = \{1_M\}$. Un monoïde M est finiment engendré s'il existe K fini inclus dans M tel que tout élément de M est produit d'éléments de K. Montrer qu'un monoïde finiment engendré M muni d'une longueur est isomorphe à un monoïde de traces si, et seulement si, pour tout $x, y, z, t \in M$, l'égalité $xy = zt$ entraîne l'existence de $p, q, r, s \in M$ tels que $x = pq$, $y = rs$, $z = pr$, $t = qs$ et $qr = rq$.

6.2. Soit M un monoïde. Deux éléments u et v de M sont dits conjugués s'il existe w dans M tel que $uw = wv$. Les éléments u et v sont dits transposés s'il existe x, y dans M tels que $u = xy$ et $v = yx$.

  a) Montrer que les notions de conjugaison et de transposition coïncident si M est un monoïde libre.

  b) Donner un exemple de monoïde de traces où ces deux notions sont distinctes.

  c) Montrer que dans un monoïde de traces, la conjugaison est la clôture transitive de la relation de transposition.

Soit $X = \{x, y\}$ avec $x \neq y$ un alphabet de 2 lettres. Une équation $e = f$ sur X est une paire de mots distincts $e, f \in X^*$. Une solution de $e = f$ dans $\mathbb{M}(A, I)$ est un morphisme $\theta : X^* \longrightarrow \mathbb{M}(A, I)$ telle que $\theta(e) = \theta(f)$. Si une solution θ est définie par $\theta(x) = u$ et $\theta(y) = v$, on écrit simplement que (u, v) est une solution de $e = f$ (dans $\mathbb{M}(A, I)$). Une solution (u, v) est dite cyclique s'il existe une trace t telle que $u, v \in t^*$ (*i.e.* sont des puissances de t).

6.3. Soit (u, v) une solution de $e = f$ dans $\mathbb{M}(A, I)$. Montrer que (u, v) est cyclique dès que l'une des deux conditions suivantes est satisfaite :

    i) $\mathbb{M}(A, I)$ est libre c'est à dire $I = \varnothing$.

    ii) Il existe des nombres entiers $\alpha, \beta > 0$ tels que $\alpha \, |u|_a = \beta \, |v|_a$ pour toute lettre a de A.

6.4. Soit (u, v) une solution de l'équation $e = f$. Soit u' (resp. v') une composante connexe de u (resp. de v). Montrer que ou bien $\mathrm{alph}(u') = \mathrm{alph}(v')$ ou bien $(u', v') \in I$.

6.5. Soit (u, v) une solution de l'équation $e = f$. Montrer qu'il existe des traces deux à deux indépendantes et connexes $t_1, \ldots, t_k$ telles que $u, v \in t_1^* \ldots t_k^*$.

Recherche de motifs[1]

(corrigé pp. 115–126)

Ce sujet traite de la recherche d'un motif dans un texte, un domaine dont l'importance n'a cessé de croître ces dernières années. Une de ses applications majeures est la recherche de suites particulières dans une séquence d'ADN. Une autre application, que le volume toujours croissant de données non structurées rend indispensable, est la recherche de mots-clés dans des documents (comme des pages Web) en vue de leur indexation.

La première partie du problème se concentre sur l'algorithme linéaire de Morris et Pratt (sans l'amélioration apportée par Knuth en 1977). Nous avons emprunté la présentation, très claire, de [BBC92] dans laquelle le lecteur pourra comparer avec les algorithmes de Boyer-Moore et de Simon. Pour une vue actuelle de l'état de l'art, on consultera [CH97], ainsi que [AG97, CR94]. Signalons enfin que l'on trouve de nombreux algorithmes écrits en Java et illustrés par des exemples sur `http://www-igm.univ-mlv.fr/~lecroq/string/`.

La seconde partie présente quelques applications élémentaires de combinatoire des mots, la plupart étant classiques. La question **2.5** traite de la recherche de carrés dans un texte ; elle est due à Crochemore [Cro86].

La troisième partie introduit les distances d'édition, qui mesurent le nombre minimal d'opérations d'édition (par exemple insertion ou suppression de lettres) nécessaires pour passer d'un mot à un autre. Elles ont été introduites par Levenshtein en 1966. Le lecteur intéressé pourra consulter [Apo97].

Enfin, la dernière partie étudie la complexité de la recherche du plus long facteur commun et du plus long sous-mot commun à un ensemble de mots. Le premier de ces problèmes est polynomial, alors que le second est NP-complet, un résultat dû à Maier [Mai78].

---

[1] Problème posé au concours d'entrée en troisième année de l'ENS de Cachan, section informatique, en 1999.

Bibliographie

[AG97] Alberto Apostolico et Zvi Galil, éditeurs. *Pattern matching algorithms.* Oxford Univ. Press, 1997.

[Apo97] Alberto Apostolico. String editing and longuest common subsequences. Dans Rozenberg et Salomaa, éditeurs, *Handbook of Formal Languages*, volume 2, chapitre 8, pages 361–398. Springer, 1997.

[BBC92] Danièle Beauquier, Jean Berstel, et Philippe Chrétienne. *Éléments d'algorithmique.* Masson, 1992.

[CH97] Maxime Crochemore et Christophe Hancart. Automata for matching patterns. Dans Grzegorz Rozenberg et Arto Salomaa, éditeurs, *Handbook of Formal Languages*, volume 2, chapitre 9, pages 399–462. Springer, 1997.

[CR94] Maxime Crochemore et Wojciech Rytter. *Text Algorithms.* Oxford Univ. Press, 1994.

[Cro86] Maxime Crochemore. Transducers and repetitions. *Theoretical Computer Science*, 45(1) :63–86, 1986.

[Mai78] David Maier. The complexity of some problems on subsequences and supersequences. *Journal of the ACM*, 25(2) :322–336, Avr. 1978.

Notations et définitions

- A est un alphabet supposé connu, contenant au moins deux lettres.
- A^* est l'ensemble des mots sur l'alphabet A. Dans la suite, t, u, v, w, x, y, z désignent des mots.
- $|u|$ désigne la longueur d'un mot u de A^*.
- On note ε le mot vide. On a donc $|\varepsilon| = 0$.
- $|X|$ est le cardinal d'un ensemble fini X.
- On dit que u est *facteur* de v si $v = u_1 u u_2$, avec $u_1, u_2 \in A^*$.
- Si $v = u_1 u u_2$ et $|u_1| = k - 1$, on dit que u a une *occurrence* dans v en *position* k.
- On dit que u est *préfixe* de v si $v = uu'$, avec $u' \in A^*$.
- On dit que u est *suffixe* de v si $v = u'u$, avec $u' \in A^*$.

La complexité en temps des algorithmes sera évaluée en nombre de comparaisons de lettres.

§1. Algorithmes de recherche

Dans toute cette partie, on s'intéresse au problème RECHERCHE-MOTIFsuivant :

Donnée : – deux entiers m et n,

– un mot $x = x_1 \cdots x_m$ $(x_i \in A)$ appelé le *motif*,

– un mot $t = t_1 \cdots t_n$ $(t_i \in A)$ appelé le *texte*.

Question : Le mot x est-il facteur du mot t ? Si oui, quelle est la position de la première occurrence de x dans t ?

Un algorithme « naïf » consiste à tester l'égalité

$$x_1 \cdots x_m = t_k \cdots t_{k+m-1}$$

pour k allant de 1 à $n - m + 1$. Chacun de ces tests se fait en comparant les mots lettre à lettre de gauche à droite. Durant le test

$$x_1 \cdots x_m = t_k \cdots t_{k+m-1}$$

l'entier k est appelé la *position de comparaison* du motif.

Lorsqu'un test en position de comparaison k est négatif sur la $i^{\text{ème}}$ lettre de x $(x_i \neq t_{k+i-1})$, les algorithmes que l'on va considérer effectuent un *décalage d* du motif : la nouvelle position de comparaison est $k+d$. Dans l'algorithme naïf, le déplacement d vaut toujours 1, et le test $x_1 \cdots x_m = t_\ell \cdots t_{\ell+m-1}$ $(\ell = k+1$ étant la nouvelle position de comparaison) reprend au début des deux mots. La figure 1 montre comment l'algorithme décale le motif en cas d'échec d'un des tests $x_i = t_{k+i-1}$.

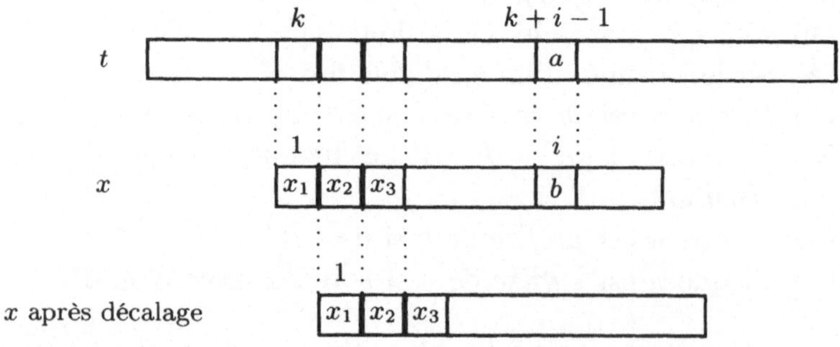

FIG. 1 – Décalage du motif en cas d'échec du test $x_i = t_{k+i-1}$ dans l'algorithme naïf

La fonction de la figure 2 donne une version de cet algorithme. S'il n'y a pas d'occurrence de x dans t, la fonction calcule la valeur -1. Sinon, elle calcule la position de la première occurrence de x dans t. Dans ce programme, la première case d'un tableau est numérotée 1. Ainsi, on accède à la $i^{\text{ème}}$ lettre de x par `x[i]`. De plus, les tests sont évalués de façon paresseuse : par exemple, dans un test $c_1 \wedge c_2$, l'expression c_2 n'est évaluée que si l'expression c_1 est vraie.

```
1    fonction recherche_naïve (x, t, m, n)
     { k := 1 ;
       tantque (k <= n-m+1) faire
         i := 1 ;
5        tantque [(i <= m) et (x[i] = t[k+i-1])] faire
           i := i+1 ;
         FinFaire
         Si (i = m+1) alors
           retourner k ;
10       FinSi
         k := k+1 ;
       FinFaire
       retourner -1 ;
     }
```

FIG. 2 – Une fonction de recherche de motif dans un texte

1.1. Calculer le nombre de comparaisons de cet algorithme dans le cas le pire en fonction de m et n. Donner un exemple de mots x et t pour lesquels le cas le pire est réalisé.

1.2. On rappelle qu'il est supposé que $|A| \geqslant 2$. On suppose que chaque lettre de l'alphabet a une probabilité $\frac{1}{|A|}$ d'apparaître à chaque position (dans le texte comme dans le motif). Calculer le nombre moyen de comparaisons de lettres faites lors de la comparaison de x à $t_k \cdots t_{k+m-1}$. Montrer que ce nombre est plus petit que 2. En déduire que l'algorithme effectue moins de $2n$ comparaisons en moyenne.

1.3. On cherche maintenant à améliorer les performances de l'algorithme dans le cas le pire. On fixe une position de comparaison k dans t, et on suppose que $x_1 \cdots x_m \neq t_k \cdots t_{k+m-1}$. L'*indice d'échec* $i_e(k)$ en position de comparaison k est le plus petit entier i tel que $x_i \neq t_{k+i-1}$. Un décalage d est *inutile* en position de comparaison k lorsque $d < i_e(d) - 1$ et $x_1 \cdots x_{i_e(d)-d-1} \neq t_{k+d} \cdots t_{k+i_e(d)-2}$. Les autres décalages sont dits *utiles*. Montrer que si d est un décalage inutile en position de comparaison k, il n'y a pas d'occurrence de x en position $k + d$.

– On dit que u est un *bord* de v si $u \neq v$ et si u est à la fois préfixe et suffixe de v.

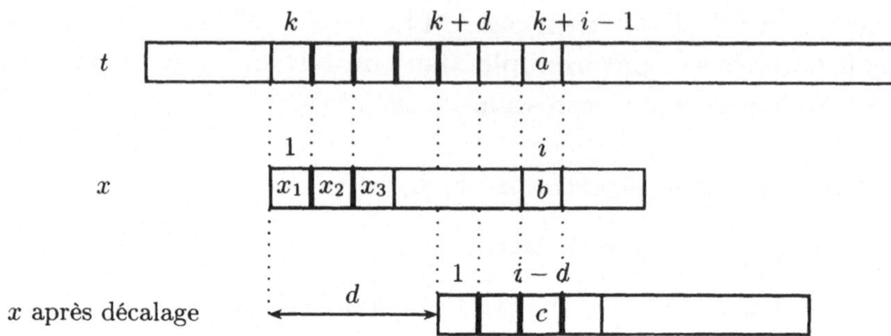

Fig. 3 – Décalage d du motif

– Pour $v \in A^* \smallsetminus \{\varepsilon\}$, Bord($v$) est **le bord maximal** de v, c'est à dire le bord le plus long de v.

Ainsi par exemple, le mot *ababa* admet comme bords *aba*, *a* et ε. Le bord maximal est *aba*. On notera que dans cet exemple, le préfixe *aba* et le suffixe *aba* se chevauchent dans *ababa*. Il n'en est pas de même pour le bord maximal de *abcab*, qui est *ab*.

1.4. On note p_i le préfixe de longueur i du motif x, pour $i = 0, \ldots, |x|$. Donner une condition nécessaire *portant uniquement sur les p_j et ne faisant pas intervenir t* pour que le décalage d soit utile. Calculer le plus petit décalage utile $d_u(k)$ en fonction de x et $i_e(k)$.

1.5. Après un décalage utile d (*cf* figure 3), à quel indice $j(d)$ dans le mot x peut-on reprendre la comparaison $x_1 \cdots x_m = t_{k+d} \cdots t_{k+d+m-1}$?

1.6. On définit une fonction f_x qui va de $\{0, \ldots, m\}$ dans $\{-1, \ldots, m-1\}$ de la façon suivante :

$$
\begin{aligned}
f_x(0) &= -1 \\
f_x(i) &= |\text{Bord}(p_i)|
\end{aligned}
$$

En supposant que l'on dispose de la fonction f_x, modifier la fonction donnée en figure 2 de façon à effectuer à chaque fois le plus petit décalage utile et à reprendre la comparaison $x_1 \cdots x_m = t_{k+d} \cdots t_{k+d+m-1}$ à l'indice $j(d_u(k))$.

1.7. On dit qu'une comparaison de lettres de la forme `x[i]=t[j]` effectuée par l'algorithme est un *test positif* si $x_i = t_j$, et un *test négatif* sinon. En considérant dans la fonction écrite en **1.6** la variation des quantités $k + i$ et k après une comparaison de lettres, majorer le nombre de tests positifs et le nombre de tests négatifs. Montrer que l'algorithme fait toujours moins de $2n - m$ comparaisons de lettres dans le cas le pire si l'on dispose de la fonction f_x. Montrer par un exemple que cette borne est atteinte.

1.8. Calculer le nombre maximal de comparaisons qu'une lettre du texte peut subir avant que l'on passe à la lettre suivante.

1.9. On veut maintenant montrer que l'on peut calculer la fonction f_x en temps $O(m)$. Pour une fonction g, on note g^k la fonction $\underbrace{g \circ \cdots \circ g}_{k \text{ fois}}$

(quand elle existe).

a) Soit u un mot non vide. Comme la fonction Bord fait décroître la longueur, il existe un entier q tel que $\mathrm{Bord}^q(u) = \varepsilon$. Soit p le plus petit entier tel que $\mathrm{Bord}^p(u) = \varepsilon$. Montrer que l'ensemble des bords de u est $\mathcal{B}(u) = \{\mathrm{Bord}(u), \mathrm{Bord}^2(u), ldots, \mathrm{Bord}^p(u)\}$.

b) Soit a une lettre et $u \in A^*$ non vide. Montrer que $\mathrm{Bord}(ua)$ est le plus long préfixe de u qui est dans l'ensemble $\mathcal{B}(u, a) = \{\mathrm{Bord}(u)a, \mathrm{Bord}^2(u)a, \ldots, \mathrm{Bord}^p(u)a, \varepsilon\}$.

c) En déduire que

$$\mathrm{Bord}(ua) = \begin{cases} \mathrm{Bord}(u)a & \text{si } \mathrm{Bord}(u)a \text{ est préfixe de } u \\ \mathrm{Bord}(\mathrm{Bord}(u)a) & \text{sinon} \end{cases}$$

d) Soit $j \in \{1, \ldots, m\}$, et $g = f_x$. Montrer que $g(j) = g^k(j-1)+1$, où $k \geqslant 1$ est le plus petit entier tel que l'on ait soit $g^k(j-1)+1 = 0$, soit $g^k(j-1)+1 \neq 0$ et $x_{g^k(j-1)+1} = x_j$.

e) En déduire un algorithme qui calcule tous les $f_x(j)$ pour $j = \{1, \ldots, m\}$ en temps $O(m)$.

1.10. En déduire un algorithme qui résout le problème RECHERCHE-MOTIF en temps $O(m + n)$.

§2. Applications

Dans cette partie, on pourra utiliser les résultats des questions **1.9** et **1.10**.

2.1. Soit $x \in A^*$. Un facteur y de x est *répété* s'il a deux occurrences distinctes dans x. Ces occurrences peuvent se chevaucher (par exemple dans *abcabca*, le facteur *abca* est répété) ou non (par exemple dans ce même mot, a et bca sont répétés). Montrer que l'on peut déterminer le plus long *préfixe* répété d'un mot x en temps $O(|x|)$.

2.2. Un mot $x \neq \varepsilon$ est dit *primitif* s'il n'est pas de la forme y^n avec $n \geqslant 2$. Par exemple $abac$ est primitif alors que $abab = (ab)^2$ n'est pas primitif. Montrer qu'un mot x est primitif si, et seulement si, les seules occurrences de x dans xx sont celle commençant en position 1 et celle commençant en position $|x| + 1$. Montrer que l'on peut déterminer en temps $O(|x|)$ si x est primitif.

2.3. Deux mots x et y sont *conjugués* s'il existe $u, v \in A^*$ tels que $x = uv$ et $y = vu$. Montrer que l'on peut déterminer en temps $O(n)$ si deux mots de longueur n sont conjugués.

2.4. L'*image miroir* d'un mot $u = u_1 u_2 \cdots u_p$ $(u_i \in A)$ est le mot $\tilde{u} = u_p \cdots u_2 u_1$, c'est à dire le mot dont la suite des lettres est celle de u lue « à l'envers ». Un mot u est appelé un *palindrome* si $u = \tilde{u}$. Montrer qu'étant donné un mot x, on peut calculer le plus long préfixe de x qui est un palindrome en temps $O(|x|)$.

2.5. Un *carré* est un mot de la forme yy avec $y \neq \varepsilon$.

   a) Montrer que x admet un préfixe qui est un carré si, et seulement si, il existe $j \geqslant 2$ tel que $f_x(j) \geqslant j/2$.

   b) Montrer que l'on peut déterminer si un mot x contient un carré comme facteur en temps $O(|x|^2)$.

§3. Une distance d'édition

On dit que l'on passe d'un mot y à un mot z par
- une insertion si $y = st$ et $z = sat$, avec $s, t \in A^*$, $a \in A$.
- une suppression si $y = sat$ et $z = st$, avec $s, t \in A^*$, $a \in A$.

On définit la fonction suivante d de $A^* \times A^*$ dans $\mathbb{N}$: $d(y, z)$ est le plus petit entier k tel qu'il existe une suite de $k + 1$ mots $w_0, \ldots, w_k$ satisfaisant $y = w_0$, $z = w_k$, et telle que l'on passe de w_i à w_{i+1} par une insertion ou une suppression.

3.1. Montrer que d est une distance sur A^*, c'est à dire que d est positive et que l'on a

   a) $d(y, z) = 0 \Leftrightarrow y = z$,

   b) $d(y, z) = d(z, y)$,

   c) $d(y, z) \leqslant d(y, t) + d(t, z)$

3.2. Une *correspondance* f entre deux mots $y = y_1 \cdots y_p$ $(y_i \in A)$ et $z = z_1 \cdots z_q$ $(z_i \in A)$ est une fonction partielle de l'ensemble $Y = \{1, \ldots, p\}$ dans l'ensemble $Z = \{1, \ldots, q\}$ telle que
- f strictement croissante : si $i_1 < i_2$ et si $f(i_1)$, $f(i_2)$ sont définis, alors $f(i_1) < f(i_2)$.
- si $f(i)$ est défini, alors $y_i = z_{f(i)}$.

On peut voir une correspondance graphiquement, comme sur la figure 4.

FIG. 4 – La correspondance $1 \mapsto 1$, $2 \mapsto 4$, $3 \mapsto 7$, $8 \mapsto 8$ entre *recherche* et *research*

Soit f une correspondance et

$$G(f) = \{(i, f(i)) \mid i \in Y \text{ et } f(i) \text{ est défini}\}$$

son graphe. On définit

$$\begin{aligned}
I(f) &= \{i \in Y \mid \forall j \in Z, \ (i,j) \notin G(f)\} \\
J(f) &= \{j \in Z \mid \forall i \in Y, \ (i,j) \notin G(f)\}
\end{aligned}$$

Le *coût* de f est l'entier $c(f) = |I(f)| + |J(f)|$. Sur l'exemple de la figure 4, ce coût est $|\{4,5,6,7,9\}| + |\{2,3,5,6\}| = 9$.

a) Soit g (resp. h) une correspondance entre u et v (resp. entre v et w). Montrer que la fonction $h \circ g$ de $\{1, \ldots, |u|\}$ dans $\{1, \ldots, |w|\}$ est une correspondance entre u et w telle que $c(h \circ g) \leqslant c(h) + c(g)$.

b) Montrer que $d(y, z)$ est égal au coût minimal d'une correspondance entre y et z.

3.3. On va maintenant établir un algorithme pour calculer d.

a) Soient y, z deux mots et a, b deux lettres. Montrer que

$$d(ya, zb) = \min[d(y, zb) + 1, \ d(ya, z) + 1, \ d(y, z) + 2\delta(a \neq b)]$$

où $\delta(P)$ vaut 1 si la propriété P est vraie et 0 sinon.

b) Décrire un algorithme pour calculer $d(y, z)$ en temps $O(|y||z|)$. Montrer qu'on peut se contenter de $O(\min(|y|, |z|))$ emplacements en mémoire pour stocker des valeurs intermédiaires durant le calcul.

3.4. On rappelle que u est un *sous-mot* de v si l'on peut écrire $u = u_1 \cdots u_k$ et $v = u_0' u_1 u_1' \cdots u_k u_k'$, avec $u_i \in A$ et $u_i' \in A^*$, *i.e.* si la suite des lettres de u est une suite extraite de la suite des lettres de v.

Soient y et z deux mots. Montrer que l'on peut calculer la longueur du plus long sous-mot commun à y et z en temps $O(|y||z|)$ et en utilisant $O(\min(|y|, |z|))$ emplacements en mémoire pour stocker des valeurs intermédiaires durant le calcul.

§4. Plus long facteur commun, plus long sous-mot commun

La définition d'un sous-mot est donnée en **3.4**. On considère les problèmes PLFC (Plus Long Facteur Commun) et PLSMC (Plus Long Sous-Mot Commun) suivants :

PLFC **Donnée** : Un alphabet A fini, un ensemble E de mots de A^*, et un entier $k \geqslant 1$.

  Question : Existe-t-il un facteur commun w à tous les mots de E de longueur $|w| \geqslant k$?

PLSMC **Donnée** : Un alphabet A fini, un ensemble E de mots de A^*, et un entier $k \geqslant 1$.

  Question : Existe-t-il un sous-mot commun w à tous les mots de E de longueur $|w| \geqslant k$?

4.1. Donner un algorithme polynômial pour résoudre PLFC.

4.2. Montrer que PLSMC est dans la classe NP.

Étant donné un graphe non orienté $\mathcal{G} = (\mathcal{S}, \mathcal{A})$, l'ensemble $\mathcal{S} = \{s_1, \ldots, s_p\}$ désigne son ensemble de sommets, et l'ensemble $\mathcal{A}$ son ensemble d'arêtes. On notera $\{s_i, s_j\}$ une arête entre les deux sommets s_i et s_j, avec la convention $i < j$.

On considère le problème suivant, que l'on note CS (Couverture de Sommets). On sait que le problème CS est NP-complet :

CS   **Donnée** :   Un entier ℓ et un graphe non orienté $\mathcal{G} = (\mathcal{S}, \mathcal{A})$.

            Question : Existe-t-il un sous-ensemble $\mathcal{S}' \subseteq \mathcal{S}$ de sommets tel que

- $|\mathcal{S}'| = \ell$, et
- pour chaque arête $\{u, v\}$ de $\mathcal{A}$ on a $u \in \mathcal{S}'$ ou $v \in \mathcal{S}'$ (ou les deux).

Soit $(\ell, \mathcal{G})$ une instance de CS. On note $\mathcal{S} = \{s_1, \ldots, s_p\}$ l'ensemble des sommets de $\mathcal{G}$, et $\mathcal{A} = \{a_1, \ldots, a_q\}$ l'ensemble de ses arêtes. On construit une instance (A, E, k) de PLSMC de la façon suivante.

- L'alphabet A est $\mathcal{S} = \{s_1, \ldots, s_p\}$.
- L'ensemble de mots E sur l'alphabet A contient $|\mathcal{A}| + 1$ mots : $E = \{u, u_1, \ldots, u_q\}$ où :

$$
\begin{aligned}
u &= s_1 \cdots s_p, \\
u_r &= \underbrace{s_1 \cdots s_{i-1} s_{i+1} \cdots s_p}_{\text{tous les sommets sauf } s_i} \cdot \underbrace{s_1 \cdots s_{j-1} s_{j+1} \cdots s_p}_{\text{tous les sommets sauf } s_j}
\end{aligned}
$$

pour chaque arête $a_r = \{s_i, s_j\}$ avec $(i < j)$.

- $k = |\mathcal{S}| - \ell$.

4.3. Montrer que le graphe $\mathcal{G}$ a une couverture de sommets de taille ℓ si, et seulement si, les mots de l'ensemble E ont un sous-mot commun de longueur k.

4.4. Montrer que la fonction qui à l'instance $(\ell, \mathcal{G})$ de CS associe l'instance (A, E, k) de PLSMC définit une réduction polynômiale de CS à PLSMC.

4.5. Que peut-on déduire des questions précédentes ?

Bisimulation[1]

(corrigé pp. 127–138)

Un système réactif est un système informatique qui maintient avec son environnement un certain nombre d'activités récurrentes. Son comportement ne peut être décrit par une fonction d'entrée-sortie puisqu'il n'est pas sensé se terminer et encore moins produire de résultats pour une entrée donnée. Il est usuel de décrire le comportement d'un tel système par un graphe étiqueté (système de transitions) dont les sommets figurent ses configurations et les étiquettes des arcs sont associés à des événements observables. Deux systèmes sont extensionnellement équivalents ou indiscernables s'ils admettent les mêmes interactions avec leur environnement. Cette notion généralise le cas des systèmes décrits par fonctions d'entrée-sortie dans lequel deux systèmes ne sont pas différenciés si les mêmes entrées produisent les mêmes sorties.

Dans le cas des systèmes réactifs, néanmoins, cette notion d'extensionnalité (ou équivalence observationnelle) est plus délicate à définir car elle dépend du pouvoir discriminateur de l'environnement. Plusieurs notions d'équivalence observationnelle ont ainsi été proposées. L'une d'entre elles, décrite dans ce sujet, est la bisimulation. Cette dernière, qui trouve son inspiration dans les isomorphismes locaux introduits par Fraïssé et que l'on retrouve dans la théorie des jeux (d'Ehrenfeucht-Fraïssé), déclare équivalents deux systèmes qui peuvent mutuellement se simuler à l'aide d'une relation entre leurs états.

Bibliographie

[AD89] André Arnold et Anne Dicky. An algebraic characterization of transition system equivalences. *Information and Computation*, 34 :198–229, 1989.

[Cas87] Ilaria Castellani. Bisimulation and abstraction homomorphisms. *Journal of Computer and System Sciences*, 34 :210–235, 1987.

[dN87] Rocco de Nicola. Extensional equivalences for transitions systems. *Acta Informatica*, 24(2) :211–237, 1987.

---

[1] Problème posé au concours d'entrée en troisième année de l'ENS de Cachan, section informatique, en 1997.

[dNH84] Rocco de Nicola et Matthew C. B. Hennessy. Testing equivalence for processes. *Theoretical Computer Science*, 34 :83–133, 1984.

[Fra67] Roland Fraïssé. *L'algèbre logique et ses rapports avec la théorie des relations.* Presses Universitaires de Montréal, 1967.

[Sif84] Joseph Sifakis. Property preserving homomorphism of transition systems. In Edmund M. Clarke and Dexter Kozen, éditeurs, *Proceedings of the 4th Logic of Programming Workshop*, volume 164 de *Lect. Notes in Comp. Sci.*, pages 458–473, CMU, Pittsburgh, PA, USA, Juin 1984. Springer.

Si $R \subseteq X \times Y$ est une relation binaire, on utilisera la notation xRy comme abréviation de $(x, y) \in R$. La relation inverse $R^{-1} \subseteq Y \times X$ est définie par $yR^{-1}x \Leftrightarrow xRy$; la composée $RS \subseteq X \times Z$ de deux relations $R \subseteq X \times Y$ et $S \subseteq Y \times Z$ est définie par $xRSz \Leftrightarrow \exists y \in Y$ t.q. $xRy \wedge ySz$.

Un alphabet A est un ensemble *fini* de symboles appelés lettres. On note A^* (respectivement A^ω) l'ensemble des *mots* finis (resp. infinis) sur l'alphabet A, c'est à dire l'ensemble des suites finies $u = (u_i)_{0 \leqslant i \leqslant n-1}$ (resp. infinies $u = (u_i)_{i \in \mathbb{N}}$) d'éléments u_i de A. Un système de transitions étiquetées dans A et de *support* X est une relation ternaire $T \subseteq X \times A \times X$. On notera $x \xrightarrow{a} y$ pour $(x, a, y) \in T$; il correspond à T une famille de relations binaires $\xrightarrow{a} \subseteq X \times X$ indexée par les lettres $a \in A$ de l'alphabet. On notera $\rightarrow = \cup_{a \in A} \xrightarrow{a}$ la réunion de ces relations. Un système de transitions est *à branchement fini* si pour tout élément $x \in X$, l'ensemble $\{y \in X | x \rightarrow y\}$ de ses successeurs est fini. Deux systèmes de transitions $T \subseteq X \times A \times X$ et $T' \subseteq Y \times A \times Y$ sont *isomorphes* s'il existe une bijection $f \colon X \rightarrow Y$ entre leurs supports respectifs telle que $x \xrightarrow{a} x'$ appartient à T si, et seulement si, $f(x) \xrightarrow{a} f(x')$ appartient à T'.

§1. Bisimulation

Une *simulation* d'un système de transitions $T \subseteq X \times A \times X$ par un système de transitions $T' \subseteq Y \times A \times Y$ est une relation binaire $R \subseteq X \times Y$ telle que

i) $\forall x \in X, \exists y \in Y$ t.q. xRy

ii) $(xRy$ et $x \xrightarrow{a} x') \Rightarrow \exists y' \in Y$ t.q. $(y \xrightarrow{a} y'$ et $x'Ry')$.

Si R est une simulation de T par T' et R^{-1} une simulation de T' par T on dit que R est une *bisimulation* entre T et T'. Une *réduction* de T

sur T' est une application $f\colon X \to Y$ dont le graphe $G_f = \{(x,y) \in X \times Y \mid y = f(x)\}$ est une bisimulation entre T et T'.

1.1. Si $T \subseteq X \times A \times X$ est un système de transitions, x et y des éléments de X et $u = (u_i)_{0 \leqslant i < n} \in A^*$ un mot de longueur n on note $x \xrightarrow{u} y$ s'il existe une suite (finie) $(x_i \xrightarrow{u_i} x_{i+1})_{0 \leqslant i < n}$ de transitions de T avec $x = x_0$ et $y = x_n$. De même si $u = (u_i)_{i \in \mathbb{N}}$ est un mot infini, on note $x \xrightarrow{u}$ s'il existe une suite $(x_i \xrightarrow{u_i} x_{i+1})_{i \in \mathbb{N}}$ de transitions avec $x = x_0$. L'ensemble $\mathcal{L}(x,T) = \mathcal{L}^*(x,T) \cup \mathcal{L}^\omega(x,T)$ désigne l'ensemble des mots finis $\mathcal{L}^*(x,T) = \{u \in A^* \mid \exists y \in X \text{ t.q. } x \xrightarrow{u} y\}$ et infinis $\mathcal{L}^\omega(x,T) = \{u \in A^\omega \mid x \xrightarrow{u}\}$ reconnus dans T à partir de x. L'ensemble des *échecs* de x dans T est l'ensemble $\mathcal{L}^e(x,T) = \{(u,a) \in A^* \times A \mid \exists y \in X : x \xrightarrow{u} y \ \wedge \ (\forall z \in X : \neg(y \xrightarrow{a} z))\}$ c'est à dire que (u,a) est un échec pour x si on peut exécuter à partir de x une suite de transitions étiquetée par le mot u et aboutir ainsi à un élément dans lequel l'action a n'est pas exécutable.

a) Montrer que si $R \subseteq X \times Y$ est une bisimulation entre $T \subseteq X \times A \times X$ et $T' \subseteq Y \times A \times Y$ alors pour tout $x \in X$ et $y \in Y$ tels que xRy on a $\mathcal{L}(x,T) = \mathcal{L}(y,T')$ et $\mathcal{L}^e(x,T) = \mathcal{L}^e(y,T')$.

b) Indiquer deux systèmes de transitions $T \subseteq X \times A \times X$ et $T' \subseteq Y \times A \times Y$ accessibles respectivement à partir de x et y (c'est à dire $\forall x' \in X \exists u \in A^* : x \xrightarrow{u} x'$, idem pour y) tels que $\mathcal{L}(x,T) = \mathcal{L}(y,T')$ et $\mathcal{L}^e(x,T) = \mathcal{L}^e(y,T')$ et pour lesquels il n'existe pas de bisimulation $R \subseteq X \times Y$ telle que xRy.

1.2. Pour chaque paire de systèmes de transitions pris parmi ceux de la figure 1, indiquer une bisimulation entre ces systèmes ou montrer qu'une telle bisimulation ne peut pas exister.
Indication : utiliser le fait que la composée de deux bisimulations est une bisimulation pour éviter de considérer tous les cas.

1.3. Montrer qu'il peut exister une simulation de T par T' et une simulation de T' par T sans qu'il y ait de bisimulation entre T et T'.

1.4. Montrer qu'une application $f\colon X \to Y$ est une réduction de $T \subseteq X \times A \times X$ sur $T' \subseteq Y \times A \times Y$ si, et seulement si,

i) f est surjective ;

ii) $x \xrightarrow{a} x'$ dans T entraîne $f(x) \xrightarrow{a} f(x')$ dans T' ;

iii) $f(x) \xrightarrow{a} y'$ dans T' entraîne l'existence d'un x' dans X pour lequel $x \xrightarrow{a} x'$ dans T et $f(x') = y'$.

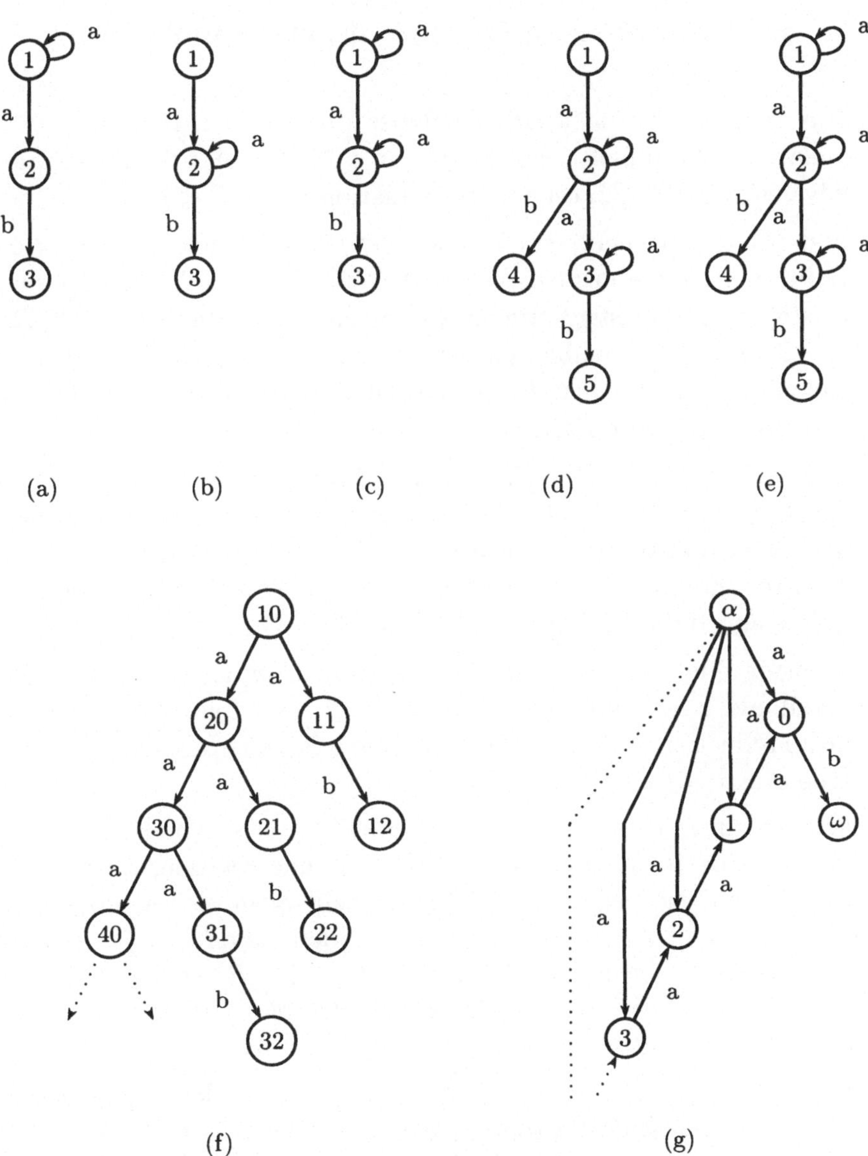

FIG. 1 – Quelques systèmes de transitions

En déduire qu'une réduction injective est un isomorphisme de systèmes de transitions.

§2. Propriétés algébriques de la bisimulation

Dans cette partie on étudie quelques propriétés algébriques de la bisimulation. On appelle *congruence* sur $T \subseteq X \times A \times X$ une relation d'équivalence sur X qui est une bisimulation entre T et lui même.

2.1. Soit R une congruence sur T, notons X/R l'ensemble quotient, c'est à dire l'ensemble des classes $\overline{x}$ des éléments $x \in X$. Montrer qu'il existe une unique structure de système de transitions $T/R \subseteq X/R \times A \times X/R$ sur l'ensemble quotient X/R, pour laquelle la projection canonique $\pi_R \colon X \to X/R$ est une réduction de T sur le système de transition quotient T/R.

2.2. Si $f \colon X \to Y$ et $g \colon X \to Z$ sont des réductions de $T \subseteq X \times A \times X$ sur $T' \subseteq Y \times A \times Y$ et $T'' \subseteq Z \times A \times Z$ respectivement, on note $f \leqslant g$ s'il existe une application $h \colon Y \to Z$ telle que $g = h \circ f$. Montrer qu'une telle application h lorsqu'elle existe est unique et qu'il s'agit d'une réduction de T' sur T''.

2.3. Montrer que tout système de transition T admet une réduction maximale, c'est à dire une réduction $\pi \colon T \to \overline{T}$ telle que pour toute autre réduction $f \colon T \to T'$ il existe une unique réduction $g \colon T' \to \overline{T}$ telle que $\pi = g \circ f$.

2.4. Montrer que si $T \subseteq X \times A \times X$ et $T' \subseteq Y \times A \times Y$ sont deux systèmes de transitions et $R \subseteq X \times Y$ une relation, alors R est une bisimulation entre T et T' si, et seulement si, les projections $\pi_1 \colon R \to X$ et $\pi_2 \colon R \to Y$ sont des réductions de $T \wedge_R T'$ dans T et T' respectivement (où $T \wedge_R T' \subseteq R \times A \times R$ est donnée par la structure produit : $(x, y) \xrightarrow{a} (x', y')$ si, et seulement si, xRy, $x'Ry'$, $x \xrightarrow{a} x'$ dans T et $y \xrightarrow{a} y'$ dans T').

2.5. Si $T \subseteq X \times A \times X$ et $T' \subseteq Y \times A \times Y$ sont deux systèmes de transitions on définit la somme de T et T' par $T + T' \subset (X + Y) \times A \times (X + Y)$ où $X + Y$ désigne l'union disjointe des ensembles X et Y : $X + Y = X \times \{0\} \cup Y \times \{1\}$ et $T + T'$ contient les transitions $(x, 0) \xrightarrow{a} (x', 0)$ pour $x \xrightarrow{a} x'$ dans T et les transitions $(y, 1) \xrightarrow{a} (y', 1)$ pour $y \xrightarrow{a} y'$ dans T'. Montrer qu'il existe une bisimulation entre T et T' si, et seulement si, il existe une congruence de $T + T'$ dont chaque classe contient au moins un élément de X et un élément de Y.

2.6. Montrer que si R est une bisimulation entre T et T' alors il existe un système de transition $T \vee_R T'$ et des réductions $j_1 \colon T \to T \vee_R T'$ et $j_2 \colon T' \to T \vee_R T'$ vérifiant la propriété universelle suivante : pour toute paire de réductions $T \xrightarrow{f_1} S \xleftarrow{f_2} T'$ pour laquelle $f_1(x) = f_2(y)$ dès que xRy, il existe une unique réduction $f \colon T \vee_R T' \to S$ telle que $f_1 = f \circ j_1$ et $f_2 = f \circ j_2$.

2.7. Énoncer sans la prouver la propriété universelle vérifiée par le système de transition $T \wedge_R T'$.

2.8. Montrer qu'il y a équivalence entre les trois assertions suivantes :

i) il existe une bisimulation entre T et T' ;

ii) les systèmes de transitions T et T' se réduisent en un même troisième ;

iii) les systèmes de transitions T et T' sont des réductions d'un même troisième.

2.9. Représenter les systèmes de transitions $T \wedge_R T'$ et $T \vee_R T'$ où T et T' sont les systèmes de transitions et R la bisimulation précisés dans la figure 2.

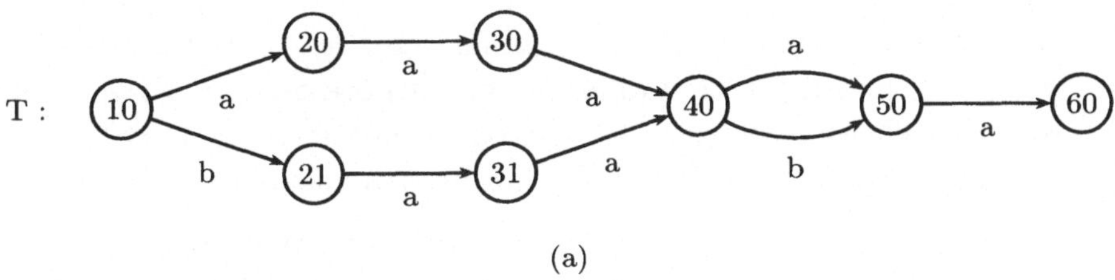

(a)

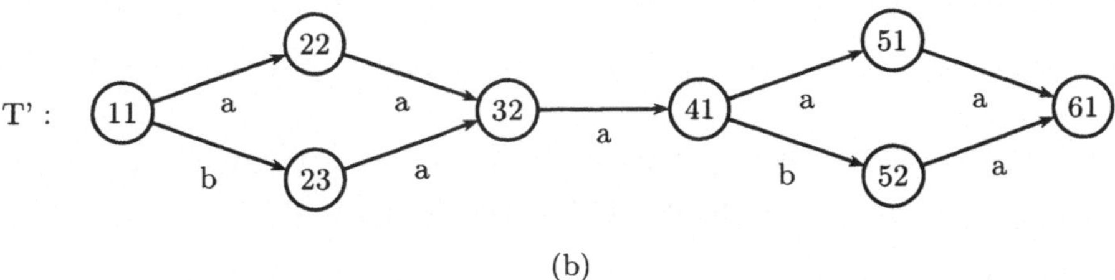

(b)

FIG. 2 – la relation $R \subseteq X \times Y$ donnée par $(i,j)R(i',j') \Leftrightarrow i = i'$ est une bisimulation de $T \subseteq X \times A \times X$ et $T' \subseteq Y \times A \times Y$

§3. Bisimilarité

On dit que deux éléments x et y d'un système de transition $T \subseteq X \times A \times X$ sont *bisimilaires* s'il existe une congruence R de T pour laquelle xRy. On rappelle que l'ensemble des relations d'équivalence sur un ensemble X est un treillis complet : la borne inférieure d'une famille de relations d'équivalence $\bigwedge_i R_i = \bigcap_i R_i$ est l'intersection de ces relations, et la borne supérieure de cette famille $\bigvee_i R_i$ est la relation d'équivalence $(R \cup R^{-1})^*$ engendrée par leur réunion $R = \bigcup_i R_i$. Si $\mathcal{F}$ est un opérateur monotone sur ce treillis (c'est à dire $R \subseteq R' \Rightarrow \mathcal{F}(R) \subseteq \mathcal{F}(R')$) alors, par le théorème de Tarski, il admet un plus grand point fixe $\nu(\mathcal{F})$ qui est aussi son plus grand post-point fixe (un post-point fixe de $\mathcal{F}$ (resp. un point fixe de $\mathcal{F}$) est une relation d'équivalence R telle que $R \subseteq \mathcal{F}(R)$ (resp. $R = \mathcal{F}(R)$)).

3.1. Montrer que la bisimilarité est le plus grand point fixe de l'opérateur $\mathcal{F}$ défini comme suit sur le treillis des relations d'équivalence sur l'ensemble X :

$$x\mathcal{F}(R)y \iff \begin{cases} x \xrightarrow{a} x' & \Rightarrow & \exists y' \ y \xrightarrow{a} y' \text{ et } x'Ry' \\ y \xrightarrow{a} y' & \Rightarrow & \exists x' \ x \xrightarrow{a} x' \text{ et } x'Ry' \end{cases}$$

3.2. On définit la suite $(\equiv_n)_{n \in \mathbb{N}}$ des approximations de la relation de bisimilarité de la manière suivante. $\equiv_0$ désigne la relation universelle : $x \equiv_0 y$ pour tous x et y dans X ; et on pose $\equiv_{n+1} = \mathcal{F}(\equiv_n)$ pour tout $n \in \mathbb{N}$. Montrer que la bisimilarité, notée $\equiv$, est l'intersection de ses approximations $\equiv_n$ si T est à branchement fini.

3.3. On veut montrer que la suite des approximations de la relation de bisimilarité peut être stricte. Pour cela on considère les termes donnés par la syntaxe suivante

$$t ::= 0 \mid t + t \mid a.t \quad (a \in A)$$

On pose $X = \mathbf{Sy}(A)$ l'ensemble des classes d'équivalence de ces termes pour la congruence définie par les équations

$$\begin{aligned} t_1 + t_2 &= t_2 + t_1 \\ t_1 + (t_2 + t_3) &= (t_1 + t_2) + t_3 \\ t + 0 &= t \\ t + t &= t \end{aligned}$$

Un élément de $\mathbf{Sy}(A)$ est appelé un arbre de synchronisation sur l'alphabet A. On définit le système de transition $T \subseteq X \times A \times X$ pour lequel $x \xrightarrow{a} x'$ lorsqu'il existe un x'' tel que $x = a.x' + x''$. On définit les suites d'éléments x_n et y_n par $x_0 = b.0$, $y_0 = c.0$, et pour tout entier n, $x_{n+1} = a.(x_n + y_n)$ et $y_{n+1} = a.x_n + a.y_n$. Montrer que $x_n \equiv_n y_n$ et $x_n \not\equiv_{n+1} y_n$ pour tout entier n.

§4. Logique de Hennessy et Milner

Pour les systèmes de transitions à branchement fini, la bisimilarité peut être caractérisée en terme des formules de la *logique de Hennessy et Milner* (HML) données par la syntaxe suivante

$$\varphi ::= 1 \mid \neg\varphi \mid \varphi \wedge \varphi \mid \exists_a\varphi$$

Si $T \subseteq X \times A \times X$ est un système de transition, la relation de validation d'une formule HML en un point $x \in X$ est donnée comme suit

$$
\begin{array}{llll}
T, x \models 1 & & & \text{est toujours vraie} \\
T, x \models \neg\varphi & \text{si, et seulement si,} & T, x \not\models \varphi \\
T, x \models \varphi \wedge \psi & \text{si, et seulement si,} & T, x \models \varphi \wedge T, x \models \psi \\
T, x \models \exists_a\varphi & \text{si, et seulement si,} & \exists y\, (x \xrightarrow{a} y \wedge T, y \models \varphi)
\end{array}
$$

On utilise les abréviations $0 = \neg 1$ (pour « faux »), $\varphi \vee \psi = \neg(\neg\varphi \wedge \neg\psi)$ (pour la disjonction) et $\forall_a\varphi = \neg\exists_a\neg\varphi$ (pour l'opérateur modal universel)

4.1. Donner les relations de validation des formules 0, $\varphi \vee \psi$ et $\forall_a\varphi$.

4.2. Donner sans preuve une formule φ_n vérifiée en x_n mais pas en y_n, où x_n et y_n sont les arbres de synchronisations définis en **3.3**.

4.3. On définit le rang d'une formule HML comme le nombre maximal d'imbrications d'opérateurs modaux, plus précisément :

$$
\begin{array}{rcl}
\mathrm{rang}(1) & = & 0 \\
\mathrm{rang}(\varphi \wedge \psi) & = & \max(\mathrm{rang}(\varphi), \mathrm{rang}(\psi)) \\
\mathrm{rang}(\exists_a\varphi) & = & 1 + \mathrm{rang}(\varphi)
\end{array}
$$

et on pose $\mathrm{HML}_k = \{\varphi \in \mathrm{HML} \mid \mathrm{rang}(\varphi) \leq k\}$ l'ensemble des formules de rang au plus k. Montrer que si T est à branchement fini, alors

$$x \equiv_k y \text{ si, et seulement si, } \forall \varphi \in \mathrm{HML}_k(T, x \models \varphi \iff T, y \models \varphi).$$

En particulier deux éléments sont bisimilaires si, et seulement si, ils vérifient les mêmes formules.

Jeux[1]

(corrigé pp. 139–145)

Les jeux de damier (morpion, go, échecs...) se représentent classiquement par des graphes orientés dont les sommets correspondent aux configurations possibles du jeu, chaque arc correspondant à un coup permettant de passer d'une configuration à l'autre. Cette représentation en permet l'étude combinatoire et algorithmique [BCG82].

Inversement, des jeux abstraits dans des graphes servent à modéliser des programmes non déterministes à vérifier (sous forme d'une partie entre un vérificateur désireux d'atteindre un certain but, ou d'éviter certains états indésirables, et un adversaire qui cherche à l'en empêcher) ; on utilise en particulier des jeux infinis [McN93] pour la vérification de systèmes réactifs (programmes tournant indéfiniment et qui interagissent avec l'environnement).

Bibliographie

[BCG82] Elwyn R. Berlekamp, John H. Conway, et Richard K. Guy. *Winning Ways for Your Mathematical Plays*. Academic Press, 1982.

[McN93] Robert McNaughton. Infinite games played on finite graphs. *Annals of Pure and Applied Logic*, 65(2) :149–184, Dec. 1993.

Les algorithmes demandés ne seront pas écrits dans un langage de programmation particulier, mais dans un pseudo-langage impératif (genre Pascal ou C) pouvant comporter des expressions et instructions informelles, notamment en ce qui concerne les types de données classiques, comme par exemple :

```
n := le plus petit élément de la liste
pour tout sommet s du graphe...
```

Tout algorithme proposé devra être justifié (terminaison, correction et, si la question l'exige, complexité).

---

[1] Problème posé au concours d'entrée en troisième année de l'ENS de Cachan, section informatique, en 2000.

La partie 1 est indépendante des suivantes. La partie 3 peut être traitée en admettant les résultats de la partie 2.

Dans tout le problème, on considère deux joueurs J_1 et J_2 qui jouent à déplacer un pion (le même pour les deux joueurs) le long des arcs d'un graphe orienté fini $\mathcal{G}$, à partir d'un sommet initial donné (J_1 jouant le premier coup) ; le jeu ne s'arrête que si le pion est bloqué sur un sommet sans successeur. Une partie est donc un chemin maximal (fini ou infini) du graphe $\mathcal{G}$.

Donner une règle du jeu, c'est caractériser les parties gagnées par J_1 (les autres étant gagnées par J_2 : il n'y a pas de partie nulle).

On dira qu'un joueur **a une stratégie gagnante** depuis un sommet s de $\mathcal{G}$ si, le pion étant initialement posé en s, ce joueur peut gagner la partie quels que soient les coups joués par son adversaire (la stratégie étant un moyen de déterminer le coup à jouer suivant l'état de la partie, donc une fonction partiellement définie de l'ensemble des chemins dans l'ensemble des sommets).

Exemple :

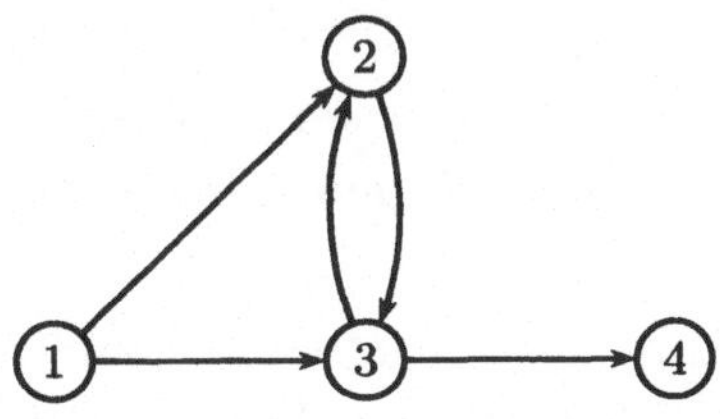

FIG. 1 – Un graphe

On considère le graphe de la figure 1. On décide que les parties gagnées par J_1 sont celles qui aboutissent en 4.

Depuis le sommet 1, J_1 a une stratégie gagnante (il joue en 2 : J_2 doit jouer en 3, et J_1 joue en 4).

Depuis le sommet 2, c'est J_2 qui a une stratégie gagnante (J_1 doit jouer en 3, et J_2 revient à la position initiale 2 ; ainsi, J_2 évitera indéfiniment le sommet 4).

§1. Jeux finis

Jeu dans un arbre

On suppose que $\mathcal{G}$ est un arbre ; une règle du jeu est une partition de l'ensemble des feuilles de l'arbre en deux sous-ensembles F_1 et F_2, les parties aboutissant en F_1 (respectivement F_2) étant gagnées par J_1 (respectivement J_2).

1.1. Écrire un algorithme permettant de déterminer lequel des joueurs a une stratégie gagnante depuis la racine de l'arbre, et donnant cette stratégie.

Jeu à jetons dans un graphe orienté sans circuit

On suppose que $\mathcal{G}$ est un graphe sans circuit, dont tout sommet s contient un certain nombre $n(s)$ de jetons. Le joueur qui déplace le pion vers un sommet ramasse les jetons de ce sommet ; J_1 gagne si, à la fin de la partie, il a ramassé strictement plus de jetons que J_2. (Noter que, pour ce jeu, le nombre de jetons du sommet initial n'a aucune importance.)

1.2. Écrire un algorithme, de complexité linéaire en la taille du graphe, permettant de déterminer depuis quels sommets du graphe J_1 a une stratégie gagnante.

Suggestion : depuis tout sommet, chaque joueur a une stratégie permettant soit de gagner, soit de minimiser ses pertes.

§2. Jeux dans un graphe biparti

Dans toute cette partie, on suppose le graphe $\mathcal{G}$ biparti : on note S_1 (resp. S_2) l'ensemble des sommets depuis lesquels c'est à J_1 (resp. J_2) de jouer (la partie débute en un sommet de S_1).

à tout ensemble X de sommets de $\mathcal{G}$ on associe
- l'ensemble $p(X)$ des sommets de $\mathcal{G}$ qui ont un successeur dans X ;
- l'ensemble $q(X)$ des sommets de $\mathcal{G}$ qui ont au moins un successeur, et dont tout successeur est dans X.

Jeu à positions gagnantes terminales

On se donne un ensemble F de sommets de $\mathcal{G}$, et on considère que les parties gagnées par J_1 sont celles qui passent par un sommet de F. On pose $F_1 = F \cap S_1$ et $F_2 = F \cap S_2$, et on note $\varphi(F)$ l'ensemble des sommets depuis lesquels J_1 a une stratégie gagnante.

2.1. Montrer que $\varphi(F)$ est le plus petit point fixe de la fonction f qui à un ensemble X de sommets de $\mathcal{G}$ associe

$$f(X) = F_1 \cup p(F_2 \cup q(X))$$

Suggestion : on montrera que $\varphi(F)$ est un point fixe de f, et que, si X est un point fixe de f, J_2 a une stratégie gagnante depuis tout sommet du complémentaire de X dans S_1.

En déduire qu'il existe un algorithme quadratique en la taille de $\mathcal{G}$ pour calculer $\varphi(F)$.

2.2. Donner un algorithme linéaire pour calculer $\varphi(F)$.

Suggestion : à tout sommet s de S_2, associer un compteur qu'on initialise au nombre de ses successeurs, marquer récursivement les sommets depuis lesquels J_1 est certain de gagner :

– on marque les sommets de F ;
– quand on marque un sommet de S_2, on marque tous ses prédécesseurs ;
– quand on marque un sommet de S_1, on décrémente le compteur de tous ses prédécesseurs ; si un compteur passe à zéro, on marque le sommet correspondant.

Jeu à positions gagnantes répétées

On se donne un ensemble F de sommets de $\mathcal{G}$, et on considère que les parties gagnées par J_1 sont les parties qui passent infiniment souvent par un sommet de F.

2.3. Montrer que l'ensemble des sommets depuis lesquels J_1 a une stratégie gagnante est le plus grand point fixe de la fonction g définie par

$$g(X) = \varphi((F_1 \cap X) \cup (F_2 \cap q(X))$$

où F_1, F_2, φ sont définis comme dans le jeu à positions gagnantes terminales.

En déduire un algorithme pour calculer cet ensemble ; indiquer sa complexité.

§3. Jeux infinis

Jeu des mots à compléter

On se donne un langage rationnel L sur un alphabet fini A. Chaque joueur à son tour dit une lettre de A ; si la suite de ces lettres forme un mot de L, la partie s'arrête et J_1 gagne ; si la partie est infinie, c'est J_2 qui gagne.

3.1. Indiquer un algorithme pour déterminer si J_1 a une stratégie gagnante.

Suggestion : se ramener au cas d'un jeu à positions gagnantes terminales, dans un graphe biparti approprié.

Jeu à jetons dans un graphe fini quelconque

Comme dans la première partie (question 2), on suppose que tout sommet s de $\mathcal{G}$ contient un certain nombre $n(s)$ de jetons. Le joueur qui déplace le pion vers un sommet ramasse les jetons de ce sommet ; J_1 gagne si, à la fin de la partie, il a ramassé strictement plus de jetons que J_2.

3.2. Donner un algorithme pour déterminer si, depuis un sommet donné s_0, le joueur J_1 a une stratégie gagnante.

Suggestion : considérer le graphe des configurations possibles du jeu (une configuration étant la donnée de la position du pion, des sommets traversés pour la première fois par J_1, et des sommets traversés pour la première fois par J_2), et se ramener au cas d'un jeu à positions gagnantes répétées.

Semi-groupes et logique temporelle[1]

(corrigé pp. 147–157)

Les automates finis peuvent être utilisés pour modéliser des systèmes réels : chaque action du système est représentée par une lettre, et chaque comportement possible par un mot. L'ensemble des comportements possibles de la modélisation d'un système S forme ainsi un langage $L(S)$.

Pour spécifier des propriétés sur ces comportements, on peut utiliser des logiques temporelles. L'idée est de « dater » chaque lettre par sa position dans le mot. Une formule φ de la logique du temps linéaire LTL peut spécifier quels sont les futurs possibles à partir d'une position dans un mot. Si $L(\varphi)$ est l'ensemble des mots qui satisfont φ en position 0, vérifier qu'un système S satisfait φ revient alors à tester si $L(S) \subseteq L(\varphi)$. On pourra se reporter à [SBB$^+$99] pour une introduction aux problèmes et techniques actuelles de vérification.

Ce problème caractérise les langages de la forme $L(\varphi)$: ce sont les *langages sans étoile*, qui se définissent en partant des parties finies de l'alphabet en utilisant la concaténation, l'union et le complément. Schützenberger a donné en 1965 une caractérisation algébrique de cette classe de langages qui montre qu'elle est décidable. On pourra se reporter à [Per90] pour cette preuve.

La caractérisation originale des langages de la forme $L(\varphi)$, due à Kamp en 1968, a été plusieurs fois revisitée en raison de la complexité de la preuve. Nous avons utilisé les idées de Cohen, Pin et Perrin [CPP93], ainsi que celles de Wilke [Wil98]. Les liens entre langages sans étoile, logique linéaire temporelle, logique du premier ordre et semigroupes sont nombreux. L'article [Pin96] est un excellent point de départ pour avoir une idée de l'état de l'art dans ce domaine. Le lecteur intéressé pourra le compléter par la lecture de [Str94] ou [Tho97].

---

[1] Problème posé au concours d'entrée en troisième année de l'ENS de Cachan, section informatique, en 2000

Bibliographie

[CPP93]   Joëlle Cohen, Dominique Perrin, et Jean-Éric Pin. On the expressive power of temporal logic for finite words. *Journal of Computer and System Sciences*, 46(3) :271–294, Juin 1993.

[Per90]   Dominique Perrin. Finite automata. Dans Jan van Leeuwen, éditeur, *Handbook of Theoretical Computer Science, volume B : Formal Models and Semantics*, chapitre 1, pages 389–456. Elsevier Science, Amsterdam, The Netherlands, 1ère édition, 1990.

[Pin96]   Jean-Éric Pin. Logic, semigroups and automata on words. *Annals Math. and Art. Int.*, 16 :343–384, 1996.

[SBB+99]   Philippe Schnoebelen, Béatrice Bérard, Michel Bidoit, François Laroussinie, et Antoine Petit. *Vérification de logiciels : techniques et outils du model-checking*. Vuibert, Mai 1999.

[Str94]   Howard Straubing. *Finite Automata, Formal Logic and Circuit Complexity*. Progress in Theoretical Computer Science. Birkhäuser, 1994.

[Tho97]   Wolfgang Thomas. Languages, automata, and logic. Dans Grzegorz Rozenberg et Arto Salomaa, éditeurs, *Handbook of Formal Languages*, volume 3, chapitre 7, pages 389–455. Springer, 1997.

[Wil98]   Thomas Wilke. *Classifying Discrete Temporal Properties*. habilitation thesis, Kiel Universität, 1998.

Notations et définitions

Dans tout le problème, A est un alphabet fini et non vide. Les lettres de A seront en général notées $a, b, \ldots$ ou $a_1, a_2, \ldots$ On notera $|X|$ le cardinal d'un ensemble fini X.

Un *semi-groupe* S est un ensemble non vide muni d'une loi de composition interne associative. Cette loi sera notée multiplicativement : à un couple $(s, t) \in S \times S$, elle associe l'élément st de S. L'associativité s'écrit donc : pour tous $s, t, u \in S$, on a $(st)u = s(tu)$.

Un *morphisme* d'un semi-groupe S dans un semi-groupe T est une application $f : S \to T$ telle que $f(st) = f(s)f(t)$ pour tous $s, t \in S$. Un semi-groupe T est un *sous-semi-groupe* d'un semi-groupe S s'il existe un morphisme injectif de T dans S.

Si Σ est un alphabet (fini ou non), Σ^* désigne le monoïde libre sur Σ, *i.e.* l'ensemble des mots sur l'alphabet Σ ; le semi-groupe libre sur Σ est noté Σ^+ : c'est l'ensemble des mots non vides sur l'alphabet Σ. Le mot vide est désigné par 1.

Une *relation* $\sim$ sur un ensemble X est une partie de $X \times X$. On notera $x \sim y$ plutôt que $(x, y) \in \sim$. Une *relation d'équivalence* est une relation réflexive, transitive et symétrique. Une relation d'équivalence $\sim$ sur un semi-groupe S est une *congruence* si pour tous $s, t, u \in S$, on a $s \sim t \;\Rightarrow\; (us \sim ut$ et $su \sim tu)$.

§1. Reconnaissance par semi-groupe

On dit qu'un langage $L \subseteq A^+$ est *reconnu par un semi-groupe fini* S s'il existe un morphisme $f\colon A^+ \to S$ et une partie P de S telle que $L = f^{-1}(P)$.

Soit $\mathcal{A} = \langle A, Q, F, q_0, \delta \rangle$ un automate fini déterministe complet sur un alphabet A, où Q est l'ensemble des états de $\mathcal{A}$, F l'ensemble des états finals, q_0 l'état initial et $\delta : Q \to Q$ la fonction de transition. À tout mot $w \in A^+$, on associe l'application

$$f_w\colon Q \to Q$$
$$q \mapsto \delta(q, w)$$

1.1. Montrer que l'ensemble $S_{\mathcal{A}} = \{f_w | w \in A^+\}$ muni de la loi $f \cdot g = g \circ f$ est un semi-groupe fini.

On appelle $S_{\mathcal{A}}$ le *semi-groupe de transitions* de l'automate $\mathcal{A}$.

1.2. Montrer que si $L \subseteq A^+$ est le langage accepté par un automate fini déterministe complet $\mathcal{A}$, alors le semi-groupe de transitions de $\mathcal{A}$ reconnaît L.

1.3. Montrer qu'un langage est rationnel si, et seulement si, il est reconnu par un semi-groupe fini.

Si $L \subseteq A^+$, la *congruence syntaxique* de L est la relation $\sim_L$ sur A^+ définie par :

$$x \sim_L y \;\Leftrightarrow\; (\forall z, t \in A^*,\ zxt \in L \;\Leftrightarrow\; zyt \in L)$$

1.4. Montrer que la relation $\sim_L$ est bien une congruence.

Soit $x/\sim_L = \{y \in A^+ \mid x \sim_L y\}$ la classe d'équivalence de x. On pose également $A^+/\sim_L = \{x/\sim_L \mid x \in A^+\}$.

1.5. Soit L un langage rationnel de A^+. Montrer que

    a. l'ensemble $A^+/\sim_L$ est fini.

    b. on peut munir $A^+/\sim_L$ d'une structure de semi-groupe.

c. $A^+/\sim_L$ est un semi-groupe fini qui reconnaît L.

1.6. Soient $f : A^+ \to S$ et $g : A^+ \to T$ deux morphismes de semi-groupes tels que
- f est surjectif ;
- pour tous $x, y \in A^+$, $f(x) = f(y) \;\Rightarrow\; g(x) = g(y)$.

Montrer qu'il existe un morphisme $h : S \to T$ tel que $g = h \circ f$. Montrer de plus que si g est surjectif, alors h est surjectif.

1.7. Soit S un semi-groupe qui reconnaît un langage $L \subseteq A^+$. Soit $f : A^+ \to S$ un morphisme tel que $L = f^{-1}(P)$, où $P \subseteq S$. On note T le sous-semi-groupe $f(A^+)$ de S. Montrer qu'il existe un morphisme surjectif de T dans $A^+/\sim_L$.

§2. Semi-groupes et langages apériodiques

On dit qu'un semi-groupe S est *apériodique* s'il existe un entier $n \geqslant 1$ tel que pour tout $s \in S$, on a $s^n = s^{n+1}$. On dit qu'un langage est *apériodique* s'il est reconnu par un semi-groupe apériodique.

2.1. Soit $A = \{a, b\}$. Montrer que le langage $(ab)^+ \subseteq A^+$ est apériodique.

Si $K \subseteq A^+$, on désigne par $A^+ \smallsetminus K$ le complémentaire de K dans A^+.

2.2. Montrer que si $K, L \subseteq A^+$ sont apériodiques, alors $A^+ \smallsetminus K$ et $K \cup L$ le sont aussi.

2.3. Soit S un semi-groupe apériodique. Montrer que si T est un sous-semi-groupe de S et si $f : T \to T'$ est un morphisme surjectif, alors T' est apériodique. En déduire que si L est apériodique, alors $A^+/\sim_L$ est apériodique.

2.4. Déduire de la question précédente que si K et L sont deux langages apériodiques, alors KL est aussi apériodique.

§3. Logique temporelle linéaire et langages apériodiques

Soit A un alphabet. Les formules de la logique temporelle linéaire $\mathsf{LTL}(A)$ sont définies inductivement comme suit :
- Pour tout $a \in A$, a est une formule.
- Si φ et ψ sont des formules, alors $\varphi \vee \psi$ est une formule.

- Si φ est une formule, alors $\neg\varphi$ est une formule.
- Si φ est une formule, alors $\mathsf{X}\,\varphi$ est une formule.
- Si φ et ψ sont des formules, alors $\varphi\,\mathsf{U}\,\psi$ est une formule.

La *longueur* $|\varphi|$ d'une formule φ est le nombre de symboles de $A \cup \{\vee, \neg, \mathsf{X}, \mathsf{U}\}$ apparaissant dans son écriture.

Soit $u = a_1 \cdots a_n \in A^+$, où a_i désigne la $i^{\text{ème}}$ lettre de u. Pour $i = 1, \ldots, n$ on définit l'expression « u satisfait φ à l'instant i », notée $u, i \models \varphi$, de la façon suivante :

- $u, i \models a$ (pour $a \in A$) si l'on a $a_i = a$;
- $u, i \models \varphi \vee \psi$ si l'on a $u, i \models \varphi$ ou $u, i \models \psi$;
- $u, i \models \neg\varphi$ si l'on n'a pas $u, i \models \varphi$;
- $u, i \models \mathsf{X}\varphi$ si $i \leqslant n - 1$ et $u, i + 1 \models \varphi$;
- $u, i \models \varphi\,\mathsf{U}\,\psi$ s'il existe un entier j qui satisfait les conditions suivantes :
  - $i \leqslant j \leqslant n$,
  - $u, j \models \psi$,
  - pour tout k tel que $i \leqslant k \leqslant j - 1$, on a : $u, k \models \varphi$.

On dit qu'un mot u satisfait une formule φ s'il la satisfait à l'instant 1, c'est-à-dire si $u, 1 \models \varphi$. Soit φ une formule de $\mathsf{LTL}(A)$. Le langage de A^+ défini par φ est

$$L_A(\varphi) = \{u \in A^+ \mid u, 1 \models \varphi\}$$

On dit que $L \subseteq A^+$ est *exprimable* dans $\mathsf{LTL}(A)$ s'il existe une formule φ de $\mathsf{LTL}(A)$ telle que $L = L_A(\varphi)$. On dit aussi que φ *définit* L.

3.1. Soit φ une formule de $\mathsf{LTL}(A)$. On pose

$$\mathsf{E}\,\varphi = \Big(\bigvee_{a \in A} a\Big)\,\mathsf{U}\,\varphi$$

$$\mathbb{G}(A, I)\varphi = \neg(\mathsf{E}(\neg\varphi))$$

Décrire de façon informelle les langages définis par les formules $\mathsf{E}\,\varphi$ et $\mathbb{G}(A, I)\varphi$.

3.2. Soit A un alphabet fini.

a. Trouver une formule de $\mathsf{LTL}(A)$ qui définit le langage A^+.

b. Trouver une formule de $\mathsf{LTL}(A)$ qui définit le langage aA^*, où $a \in A$.

c. Trouver une formule de $\mathsf{LTL}(A)$ qui définit le langage A^*b, où $b \in A$.

    d. Trouver une formule de LTL(A) qui définit le langage $(ab)^+$, où $\{a, b\} \subseteq A$.

3.3. Montrer que

    a. Si $\varphi = a$ ($a \in A$), alors $L_A(\varphi)$ est apériodique.

    b. Si $L_A(\varphi)$ est apériodique, alors $L_A(\neg\varphi)$ est apériodique.

    c. Si $L_A(\varphi)$ et $L_A(\psi)$ sont apériodiques, alors $L_A(\varphi \vee \psi)$ est apériodique.

    d. Si $L_A(\varphi)$ est apériodique, alors $L_A(\mathsf{X}\,\varphi)$ est apériodique.

On rappelle qu'un mot u' est *suffixe* d'un mot $u \in A^+$ s'il existe $u'' \in A^*$ tel que $u = u''u'$.

3.4. Soient φ et ψ deux formules de LTL(A). On suppose que $L_A(\varphi)$ est reconnu par un semi-groupe S. Soit $f : A^+ \to S$ un morphisme et $P \subseteq S$ tel que $L_A(\varphi) = f^{-1}(P)$. Pour $s \in S$, on pose $Ps^{-1} = \{t \in S \mid ts \in P\}$ et $L_s = f^{-1}(Ps^{-1})$. Prouver les égalités suivantes :

$$
\begin{aligned}
L_A(\varphi \,\mathsf{U}\, \psi) \;=\; &\{uv \in A^+ \mid u \in A^*, v \in L_A(\psi),\ \text{et}\ u'v \in L_A(\varphi) \\
&\text{pour tout suffixe } u' \neq 1 \text{ de } u\} \\[2ex]
=\; &\bigcup_{s \in S} \left[A^+ \smallsetminus (A^*(A^+ \smallsetminus L_s))\right] \left[L_A(\psi) \cap f^{-1}(s)\right]
\end{aligned}
$$

3.5. Montrer que si $L_A(\varphi)$ et $L_A(\psi)$ sont apériodiques, alors $L_A(\varphi \,\mathsf{U}\, \psi)$ est apériodique.

3.6. Montrer que si φ est une formule de LTL(A), alors le langage $L_A(\varphi)$ est apériodique.

3.7. Soit $A = \{a, b\}$. Montrer que le langage $(aa)^+$ n'est pas exprimable dans LTL(A).

§4. Expressivité de la logique temporelle linéaire

Dans cette partie, on se propose de montrer que tout langage apériodique de A^+ est exprimable dans LTL(A). Soit L un langage apériodique de A^+ : on fixe un semi-groupe fini apériodique S, une partie P de S et

$$h : A^+ \to S$$

un morphisme tel que

$$L = h^{-1}(P)$$

4.1. Montrer que si $h^{-1}(s)$ est exprimable dans $\mathsf{LTL}(A)$ pour tout $s \in S$, alors L est exprimable dans $\mathsf{LTL}(A)$.

Dans toute la suite, on fixe un élément $s \in S$.

Pour tout ensemble E, on note E^E l'ensemble des applications de E dans E.

4.2. Vérifier que E^E muni de la loi $(f, g) \mapsto fg = g \circ f$ est un semi-groupe. Montrer qu'il existe un ensemble fini Q tel que S est un sous-semi-groupe de Q^Q. On pourra commencer par traiter le cas où S a un élément neutre 1 (*i.e.*, tel que $1t = t1 = t$ pour tout $t \in S$), et montrer qu'alors, on peut choisir $Q = S$.

Dans la suite, on identifiera tout élément t de S avec l'application induite par t sur Q, et le produit tu $(t, u \in S)$ avec l'application composée $u \circ t$.

4.3. On suppose que pour tout $a \in A$, $h(a)$ est une bijection de Q dans Q. Montrer que $h^{-1}(s)$ est exprimable dans $\mathsf{LTL}(A)$.

Dans la suite du problème, on suppose qu'il existe une lettre $a \in A$ telle que $h(a)$ n'est pas une bijection de Q dans Q. On pose alors :

$$Q' = h(a)(Q)$$
$$B = A \smallsetminus \{a\}$$
$$\Sigma = B^* a$$
$$g = h_{|B^+} : g \text{ est la restriction de } h \text{ à } B^+.$$

On se propose de montrer par récurrence sur $|Q|$ que $h^{-1}(s)$ est exprimable dans $\mathsf{LTL}(A)$.

4.4. Vérifier que l'hypothèse de récurrence est vraie à l'ordre 1 :

$$\text{si } |Q| = 1, \text{ alors } h^{-1}(s) \text{ est exprimable dans } \mathsf{LTL}(A). \qquad (\mathcal{H}_1)$$

On suppose jusqu'à la fin du problème que l'hypothèse de récurrence suivante est vraie :

$$\text{si } |Q| \leqslant q, \text{ alors } h^{-1}(s) \text{ est exprimable dans } \mathsf{LTL}(A) \qquad (\mathcal{H}_q)$$

On fixe dans toute la suite du problème un ensemble Q de cardinal $q + 1$, et on se propose maintenant de montrer $(\mathcal{H}_{q+1})$ par récurrence sur $|A|$.

4.5. Montrer que $|Q'| < |Q|$, et que $S' = \{s_{|Q'} \mid s \in h(\Sigma^+)\}$ est un sous-semi-groupe de $Q'^{Q'}$, où $s_{|Q'}$ désigne la restriction de s à Q'. Vérifier que S' est apériodique.

Si T est un semi-groupe, on note T^1 le semi-groupe obtenu en ajoutant à T un nouvel élément 1_T qui agit comme un élément neutre : $1_T t = t 1_T = t$ pour tout $t \in T \cup \{1_T\}$.

Soit $f : \Sigma^* \to S'^*$ le morphisme tel que $f(1) = 1$, et qui envoie $u_1 a \cdot u_2 a \cdots u_k a \in \Sigma^+$, avec $u_i \in B^*$, sur le mot de k lettres $[h(u_1 a)]_{|Q'} \cdot [h(u_2 a)]_{|Q'} \cdots [h(u_k a)]_{|Q'}$ de S'^+. On remarquera que dans cette définition, S'^+ désigne le semi-groupe libre sur S', considéré comme un alphabet. Soit aussi $e : S'^* \to S'^1$ le morphisme qui envoie 1 sur $1_{S'}$ et le mot (de k lettres) $s_1 \cdot s_2 \cdots s_k$ de S'^+ sur l'élément $s_1 s_2 \cdots s_k$ de S'.

On prolonge g en un morphisme de B^* dans S^1 en posant $g(1) = 1_S$. On note encore g ce prolongement, et l'on pose alors pour $t \in S^1$ et $s' \in S'^1$:

$$L_t = g^{-1}(t)$$
$$K_{s'} = f^{-1}(e^{-1}(s'))$$

4.6. Montrer l'égalité

$$h^{-1}(s) \cap \Sigma^+ B^* = \bigcup_{\substack{t, u \in S^1, s' \in S'^1 \\ t h(a) s' u = s}} L_t a K_{s'} L_u$$

Dans la suite, on fixe des éléments $t, u \in S^1$ et $s' \in S'^1$.

4.7. Déduire de **4.5** qu'il existe une formule φ de $\mathsf{LTL}(S')$ qui définit $e^{-1}(s')$ si $s' \neq 1_{S'}$. Montrer par récurrence sur $|\varphi|$ que $K_{s'}$ est exprimable dans $\mathsf{LTL}(A)$.

4.8. Déduire de **4.6** et **4.7** que si $|A| = 1$, alors $h^{-1}(s)$ est exprimable dans $\mathsf{LTL}(A)$.

On suppose maintenant que

$$\text{si } |A| \leqslant p, \text{ alors } h^{-1}(s) \text{ est exprimable dans } \mathsf{LTL}(A) \qquad (\mathcal{H}'_p)$$

et on fixe un alphabet A de cardinal $p + 1$.

4.9. Soit φ est une formule de $\mathsf{LTL}(B)$.

a. Montrer que $L_B(\varphi)$ est exprimable dans LTL(A).

b. Montrer par récurrence sur la longueur de φ que $L_B(\varphi)aA^*$ est exprimable dans LTL(A).

En déduire que L_t ($t \in S$) et $L_t aA^*$ ($t \in S^1$) sont exprimables dans LTL(A).

4.10. Montrer que si $L_1, L_2 \subseteq B^*$ et $K \subseteq \Sigma^*$, on a $L_1 aKL_2 = L_1 aA^* \cap B^* aKL_2$. En déduire que l'on a

$$L_t aK_{s'} L_u = L_t aA^* \cap B^* aK_{s'} L_u$$

4.11. Montrer que

$$B^* aK_{s'} L_u = B^* aK_{s'} B^* \cap \Sigma^+ L_u$$

Montrer par ailleurs que $\Sigma^+ L_u$ est exprimable dans LTL(A).

4.12. Montrer que l'on a : $h^{-1}(s) = (h^{-1}(s) \cap \Sigma^+ B^*) \cup L_s$.

4.13. On suppose que si $s' \neq 1_{S'}$, alors $K_{s'} B^*$ est exprimable dans LTL(A) (ceci sera montré en **4.14**). Montrer que $B^* aK_{s'} L_u$ est exprimable dans LTL(A), puis déduire des questions précédentes que $h^{-1}(s)$ est exprimable dans LTL(A). En déduire que tout langage apériodique de A^+ est exprimable dans LTL(A).

4.14. Soit $s' \neq 1_{S'}$. Montrer par récurrence sur la longueur d'une formule définissant $e^{-1}(s')$ que $K_{s'} B^*$ est exprimable dans LTL(A).

4.15. Montrer que sur l'alphabet $A = \{a, b\}$, le langage $(ab \cup ba)^+$ est exprimable dans LTL(A). On ne cherchera pas à expliciter une formule qui définit ce langage.

Automates et invariants[1]

(corrigé pp. 159–166)

La théorie des automates peut être utilisée dans certaines branches des mathématiques, où la simplicité de ses concepts permet une présentation claire de calculs et de constructions connus, et parfois l'obtention de nouveaux résultats. C'est le cas avec la théorie combinatoire des groupes, ce que le problème ci-dessous illustre : la théorie des automates y est mise à contribution pour le calcul effectif de certains invariants (rang, base) des sous-groupes de type fini du groupe libre.

On trouvera des développements (parfois énormément) plus sophistiqués des idées sous-jacentes au problème dans les références suivantes. Seules les deux dernières font explicitement mention de la notion d'automates.

Bibliographie

[BMMW00] Jean-Camille Birget, Stuart W. Margolis, John C. Meakin, et Pascal Weil. PSPACE-completeness of certain algorithmic problems on the subgroups of free groups. *Theoretical Computer Science*, 242 :247–281, 2000.

[LS77] Roger C. Lyndon et Paul E. Schupp. Combinatorial group theory. Dans *Ergebnisse der Mathematik und ihrer Grenzgebiete*, volume 89. Springer, 1977.

[Ser83] Jean-Pierre Serre. Arbres, amalgames , SL_2. Dans *Astérisque*, volume 46. Société Math. de France, 1983.

[Sta83] John R. Stallings. The theory of finite graphs. *Inventiones Mathematicæ*, 71 :551–565, 1983.

[Wei00] Pascal Weil. Computing closures of finitely generated subgroups of the free group. Dans Jean-Camille Birget, Stuart W. Margolis, John C. Meakin, et Mark V. Sapir, éditeurs, *Algorithmic Problems in Groups and Semigroups*. Birkhäuser, 2000.

Dans tout le problème, A désigne un alphabet, c'est-à-dire un ensemble fini non vide. Le monoïde libre sur A, noté A^*, est l'ensemble

---

[1] Problème posé au concours d'entrée en troisième année de l'ENS de Cachan, section informatique, en 1999.

des mots écrits sur l'alphabet A. On rappelle en particulier l'existence d'un unique mot de longueur 0, le mot vide, noté 1.

On rappelle qu'un automate sur A est un quadruplet $\mathcal{A} = (Q, I, \delta, F)$ où Q est un ensemble fini (l'ensemble des états), I, $F \subseteq Q$ sont respectivement les ensembles d'états initiaux et finaux de $\mathcal{A}$, et δ est une application de $Q \times A$ dans l'ensemble $\mathcal{P}(Q)$ des parties de Q, la fonction de transition de $\mathcal{A}$. La fonction δ pourra aussi être spécifiée par l'ensemble des transitions de $\mathcal{A}$, c'est-à-dire par l'ensemble des triplets $(p, a, q) \in Q \times A \times Q$ tels que $q \in \delta(p, a)$. La transition (p, a, q) sera parfois notée $p \xrightarrow{a} q$.

La fonction de transition δ est étendue à $Q \times A^*$ par récurrence, en posant, pour tout $q \in Q$, pour tout $u \in A^*$ et pour tout $a \in A$,

$$\delta(q, 1) = \{q\} \text{ et } \delta(q, ua) = \bigcup_{p \in \delta(q,u)} \delta(p, a).$$

Ainsi, un mot $u \in A^*$ est accepté par l'automate $\mathcal{A}$ s'il existe un état initial i et un état final f tels que $f \in \delta(i, u)$. Le langage accepté par $\mathcal{A}$ est noté $L(\mathcal{A})$.

On dit qu'un état $q \in Q$ est accessible s'il existe un état initial i et un mot $u \in A^*$ tels que $q \in \delta(i, u)$.

L'automate $\mathcal{A}$ est dit déterministe s'il admet un unique état initial i et si, pour chaque $(q, a) \in Q \times A$, l'ensemble $\delta(q, a)$ est de cardinalité 0 ou 1. Dans ce cas, on notera $\mathcal{A} = (Q, i, \delta, F)$ au lieu de $(Q, \{i\}, \delta, F)$, on utilisera (lorsqu'il n'y aura pas d'ambiguïté) la notation $q \cdot a$ pour désigner l'unique élément de $\delta(q, a)$ si ce dernier ensemble est non vide, et on dira que $q \cdot a$ n'est pas défini si $\delta(q, a) = \varnothing$.

§1. Mots réduits

Soit $\bar{A} = \{\bar{a} \mid a \in A\}$ une copie de A, disjointe de A. On étend la bijection $a \mapsto \bar{a}$ à $(A \cup \bar{A})^*$ en posant $\bar{\bar{a}} = a$ pour tout $a \in A$, en posant $\bar{1} = 1$ et en posant, si $u \in (A \cup \bar{A})^*$ et $a \in A \cup \bar{A}$, $\overline{ua} = \bar{a}\bar{u}$.

On définit un système de réécriture $\longrightarrow_g$ dans $(A \cup \bar{A})^*$ en considérant les règles de la forme

$$ua\bar{a}v \longrightarrow_g uv \quad \text{and} \quad u\bar{a}av \longrightarrow_g uv$$

pour tous les mots $u, v \in (A \cup \bar{A})^*$ et toutes les lettres $a \in A$. Remarquons que si un mot u contient plusieurs occurrences de facteurs de la forme $a\bar{a}$ ou $\bar{a}a$ ($a \in A$), alors il existe plusieurs mots v tels que $u \longrightarrow_g v$.

On note $\longrightarrow_g^*$ la fermeture réflexive et transitive de la relation $\longrightarrow_g$. On a alors, pour tout $w, w' \in (A \cup \bar{A})^*$, $w \longrightarrow_g^* w'$ si, et seulement si, il existe $n \geq 0$ et des éléments $w_0 = w, w_1, \ldots, w_n = w'$ de $(A \cup \bar{A})^*$ tels que $w_i \longrightarrow_g^* w_{i+1}$ pour $i = 0, \ldots, n-1$.

On dit qu'un mot $u \in (A \cup \bar{A})^*$ est réduit si $u \longrightarrow_g^* v$ entraîne $u = v$, c'est-à-dire si, et seulement si, u ne contient pas de facteur de la forme $a\bar{a}$ ou $\bar{a}a$ ($a \in A$).

1.1. Montrer que si $u, v, v' \in (A \cup \bar{A})^*$ et si $u \longrightarrow_g v$ et $u \longrightarrow_g v'$, alors il existe un mot $w \in (A \cup \bar{A})^*$ tel que $v \longrightarrow_g^* w$ et $v' \longrightarrow_g^* w$.

1.2. Montrer que, pour tout mot $u \in (A \cup \bar{A})^*$, il existe un mot réduit $v \in (A \cup \bar{A})^*$ tel que $u \longrightarrow_g^* v$, et que ce mot est unique. [Pour démontrer l'unicité, on pourra procéder par récurrence sur la longueur de u.]

L'unique mot réduit v tel que $u \longrightarrow_g^* v$ est noté $\rho(u)$. L'ensemble des mots réduits, à savoir $\rho((A \cup \bar{A})^*)$, est noté $F(A)$.

1.3. Calculer $\rho(a\bar{b}b^2\bar{a}\,\bar{b}ba\bar{b}a\bar{b})$. Vérifier que ρ n'est pas un morphisme.

1.4. Montrer que si $u, v \in (A \cup \bar{A})^*$, alors $\rho(\rho(u)\rho(v)) = \rho(uv)$.

§2. Automates inversifs réduits

Un *automate inversif* sur l'alphabet A est un automate déterministe $\mathcal{A} = (Q, i, \delta, \{i\})$ sur l'alphabet $A \cup \bar{A}$, dont tous les états sont accessibles et tel que, pour tout $p, q \in Q$ et $a \in A \cup \bar{A}$, $p \cdot a = q$ entraîne $q \cdot \bar{a} = p$. Il s'ensuit que la fonction de transition induite par chaque lettre $a \in A$, $\delta(-, a)$, est une bijection d'une partie de Q sur une autre. La réciproque de cette bijection est la fonction de transition induite par la lettre $\bar{a}$, $\delta(-, \bar{a})$.

Il est commode, lorsque l'on représente des automates inversifs sur A, de ne faire figurer que les transitions étiquetées par des lettres de A, puisque les transitions étiquetées par les lettres de $\bar{A}$ s'en déduisent sans ambiguïté (voir la figure 1).

2.1. Soit $\mathcal{A}$ un automate inversif, soit $u \in (A \cup \bar{A})^*$ et soient p, q deux états de $\mathcal{A}$ tels que $p \cdot u = q$. Montrer que $p \cdot \rho(u) = q$. [On pourra montrer d'abord que si $u \longrightarrow_g v$, alors $p \cdot v = q$.]

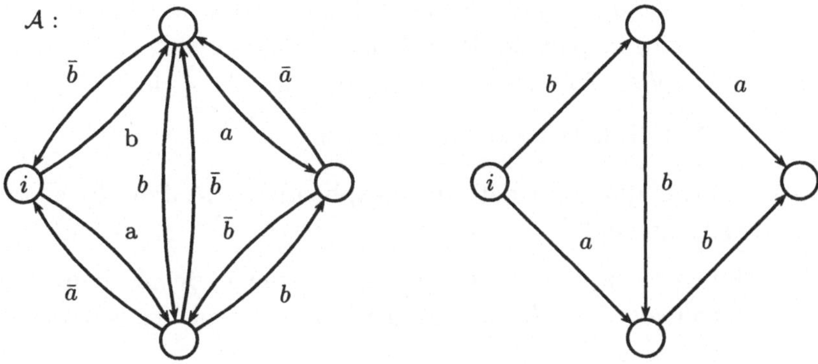

FIG. 1 – Un automate inversif sur l'alphabet $A = \{a, b\}$, d'abord avec toutes ses transitions, et ensuite présenté de façon plus compacte

On dit que l'automate inversif $\mathcal{A} = (Q, i, \delta, \{i\})$ est *réduit* si, pour tout mot réduit $u \in (A \cup \bar{A})^*$ tel que $i \cdot u$ est défini dans $\mathcal{A}$ et $i \cdot u \neq i$, il existe un mot v tel que uv est réduit et $i \cdot (uv) = i$. Par exemple, les automates des figures 1 et 2 sont réduits.

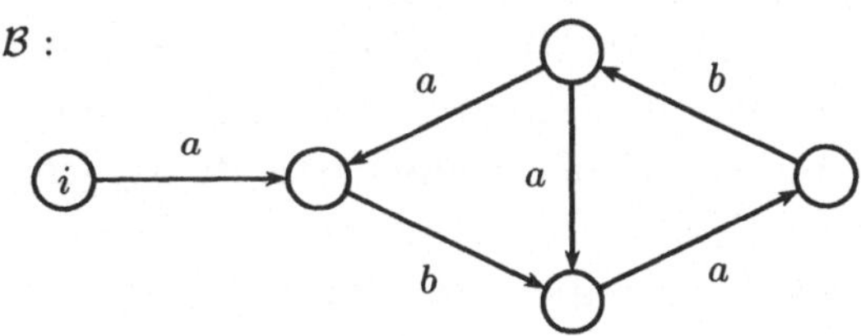

FIG. 2 – Encore un automate inversif réduit sur l'alphabet $A = \{a, b\}$

2.2. Soit $\mathcal{A} = (Q, i, \delta, \{i\})$ un automate inversif. Montrer que $\mathcal{A}$ est réduit si, et seulement si, pour tout état q tel que $q \neq i$, il existe deux lettres distinctes $a, b \in A \cup \bar{A}$ telles que $q \cdot a$ et $q \cdot b$ sont définis dans $\mathcal{A}$.

Soient $\mathcal{A} = (Q_{\mathcal{A}}, i, \delta, F_{\mathcal{A}})$ et $\mathcal{B} = (Q_{\mathcal{B}}, j, \varepsilon, F_{\mathcal{B}})$ deux automates déterministes sur l'alphabet A. Un *morphisme d'automates* de $\mathcal{A}$ dans $\mathcal{B}$ est une application $\kappa \colon Q_{\mathcal{A}} \to Q_{\mathcal{B}}$ telle que $\kappa(i) = j$, $\kappa(F_{\mathcal{A}}) \subseteq \kappa(F_{\mathcal{B}})$ et telle que, si $q \in Q_{\mathcal{A}}$ et $a \in A \cup \bar{A}$ sont tels que $q \cdot a$ est défini dans $\mathcal{A}$, alors $\kappa(q) \cdot a$ est défini dans $\mathcal{B}$ et $\kappa(q \cdot a) = \kappa(q) \cdot a$. On dit que le morphisme κ est un *isomorphisme* si l'application κ est une bijection, et si κ^{-1} est un morphisme de $\mathcal{B}$ dans $\mathcal{A}$. Finalement, on dit que $\mathcal{A}$ et $\mathcal{B}$ sont *isomorphes* s'il existe un isomorphisme de $\mathcal{A}$ dans $\mathcal{B}$.

2.3. Soient $\mathcal{A}$ et $\mathcal{B}$ deux automates inversifs.

    a) Montrer que s'il existe un morphisme de $\mathcal{A}$ dans $\mathcal{B}$, alors il en existe un seul.

    b) Montrer que s'il existe un morphisme κ de $\mathcal{A}$ dans $\mathcal{B}$ et un morphisme λ de $\mathcal{B}$ dans $\mathcal{A}$, alors κ et λ sont des isomorphismes et $\kappa^{-1} = \lambda$.

§3. Le groupe libre et ses sous-groupes

Soit $F(A)$ l'ensemble des mots réduits sur l'alphabet $A \cup \bar{A}$ (voir section 1). On définit un produit sur $F(A)$ (noté $\odot$) en posant, pour deux mots réduits $u, v \in F(A)$, $u \odot v = \rho(uv)$. Ainsi, on a $(a\bar{b}a) \odot (\bar{a}ba) = a^2$.

On rappelle qu'un monoïde $(M, \odot)$ est un groupe si pour chaque $m \in M$, il existe un élément $m' \in M$ tel que $m \odot m' = m' \odot m = 1$, où 1 est l'élément neutre de M. L'élément m', dont on peut démontrer facilement qu'il est unique, est appelé l'inverse de m et est noté m^{-1}. Si $(M, \odot)$ est un groupe et si N est une partie de M, alors N est un sous-groupe de M si $1 \in N$ et si, pour tout $m, m' \in N$, on a $mm', m^{-1} \in N$.

Si G et H sont des groupes, un morphisme de groupes de G dans H est une application $\varphi \colon G \to H$ telle que, pour tout $g, g' \in G$, on a $\varphi(gg') = \varphi(g)\varphi(g')$. On admettra que si φ est un morphisme bijectif, alors l'application réciproque φ^{-1} est aussi un morphisme. On dit alors que φ est un isomorphisme.

3.1. Montrer que $(F(A), \odot)$ est un groupe. [On pourra utiliser la question **1.4**.]

Le groupe $(F(A), \odot)$ (ou plus simplement le groupe $F(A)$) est appelé le groupe libre sur A. On admettra le résultat suivant : *si A et B sont deux alphabets, les groupes $F(A)$ et $F(B)$ sont isomorphes si, et seulement si, A et B ont même cardinalité.*

La cardinalité d'un ensemble X est notée $\mathrm{Card}(X)$.

La cardinalité de A est appelée rang du groupe libre $F(A)$, et l'ensemble A est appelé une base de $F(A)$. Plus généralement, si G est un groupe et $\varphi\colon F(A) \to G$ est un isomorphisme, on dira que G est un groupe libre de rang $\mathrm{Card}(A)$ et que $\varphi(A)$ est une base de G.

3.2. Montrer que, pour toute application $\beta\colon A \to G$ de A dans un groupe G, il existe un unique morphisme de groupe $\bar\beta\colon F(A) \to G$ tel que la restriction de $\bar\beta$ à A coïncide avec β.

3.3. Soit $\mathcal{A}$ un automate inversif. Montrer que $\rho(L(\mathcal{A})) = L(\mathcal{A}) \cap F(A)$ et que $\rho(L(\mathcal{A}))$ est un sous-groupe de $F(A)$.

Le sous-groupe $\rho(L(\mathcal{A}))$ est noté $\mathcal{H}(\mathcal{A})$.

3.4. Montrer que si $\mathcal{A}$ et $\mathcal{B}$ sont deux automates inversifs réduits et si $\mathcal{H}(\mathcal{A}) = \mathcal{H}(\mathcal{B})$, alors $\mathcal{A}$ et $\mathcal{B}$ sont isomorphes. [On pourra utiliser la question **2.3**]

§4. Sous-arbres des automates inversifs

Soit $\mathcal{T} = (Q, i, \delta, \{i\})$ un automate inversif. On dit que $\mathcal{T}$ est un arbre si, pour tout $q \in Q$ et pour tout $u \in (A \cup \bar{A})^*$, $\delta(q, u) = q$ entraîne $\rho(u) = 1$.

4.1. Montrer que si $\mathcal{T} = (Q, i, \delta, \{i\})$ est un arbre, alors pour toute paire d'états $(p, q) \in Q \times Q$, il existe un mot réduit u tel que $\delta(p, u) = q$, et que ce mot est unique.

4.2. Montrer que si $\mathcal{T} = (Q, i, \delta, \{i\})$ est un arbre, et si

$$E_\mathcal{T} = \{(q, a) \in Q \times A \mid \delta(q, a) \text{ est défini}\},$$

alors $\mathrm{Card}(E_\mathcal{T}) = \mathrm{Card}(Q) - 1$.

Soit $\mathcal{A} = (Q, i, \delta, \{i\})$ et $\mathcal{B} = (P, j, \varepsilon, \{j\})$ deux automates inversifs. On dit que $\mathcal{B}$ est un sous-automate de $\mathcal{A}$, ou que $\mathcal{B}$ est inclus dans $\mathcal{A}$, et on note $\mathcal{B} \subseteq \mathcal{A}$, si $P \subseteq Q$, $j = i$, et si, pour tout $q \in P$ et $a \in A \cup \bar{A}$ tel que $\varepsilon(q, a)$ est défini, on a $\varepsilon(q, a) = \delta(q, a)$.

Si $\mathcal{B}$ est à la fois un sous-automate de $\mathcal{A}$ et un arbre, on dira que c'est un sous-arbre de $\mathcal{A}$. Enfin, on dit que $\mathcal{B}$ est un arbre couvrant de $\mathcal{A}$ si $\mathcal{B}$ est un sous-arbre de $\mathcal{A}$ tel que $P = Q$.

4.3. Donner des arbres couvrants des deux automates des figures 1 et 2. Aucune justification n'est demandée.

4.4. Soit $\mathcal{A}$ un automate inversif réduit. Donner et justifier un algorithme pour construire un arbre couvrant de $\mathcal{A}$ (démontrant ainsi l'existence d'un arbre couvrant de $\mathcal{A}$). L'algorithme sera décrit de façon informelle.

§5. Base de $\mathcal{H}(\mathcal{A})$

Soit $\mathcal{A} = (Q, i, \delta, \{i\})$ un automate inversif réduit, et soit $\mathcal{T} = (Q, i, \varepsilon, \{i\})$ un arbre couvrant de $\mathcal{A}$. Pour tout état $q \in Q$, notons t_q l'unique mot réduit tel que $\varepsilon(i, t_q) = q$ (voir question **4.1**). Soient

$$D = \{(q, a) \in Q \times A \mid \delta(q, a) \text{ est défini}\}$$

et

$$E = \{(q, a) \in Q \times A \mid \delta(q, a) \text{ est défini et } \varepsilon(q, a) \text{ n'est pas défini}\}.$$

Pour tout $(q, a) \in E$, on pose $h_{q,a} = t_q a \bar{t}_{\delta(q,a)}$.

5.1. Montrer que pour tout $(q, a) \in E$, le mot $h_{q,a}$ est réduit et $i \cdot h_{q,a} = i$. Montrer que $\mathcal{H}(\mathcal{A})$ est engendré par $\{h_{q,a} \mid (q, a) \in E\}$.

5.2. On considère le morphisme $\beta \colon F(E) \to F(A)$, déterminé de façon unique par le fait que, pour tout $b = (q, a) \in B$, $\beta(b) = h_{q,a}$ (voir question **3.2**). Montrer que $\beta(F(E)) = \mathcal{H}(\mathcal{A})$ et que β est injectif.

5.3. Montrer que $\mathcal{H}(\mathcal{A})$ est un groupe libre de rang $\mathrm{Card}(D) - \mathrm{Card}(Q) + 1$.

5.4. Donner le rang et une base de chacun des deux automates des figures 1 et 2. Aucune justification n'est demandée.

§6. Construction effective

Soit X une partie de $F(A)$. On appelle sous-groupe engendré par X le plus petit sous-groupe de $F(A)$ contenant X. On admettra que ce sous-groupe existe, et qu'il est constitué du mot vide 1 et de tous les produits de la forme $x_1 \odot x_2 \odot \ldots \odot x_n$ $(n \geq 1)$ où pour tout i, x_i ou $\bar{x}_i$ appartient à X.

On démontre dans cette partie que tout sous-groupe H de $F(A)$ engendré par une partie finie X est de la forme $\mathcal{H}(\mathcal{A})$, pour un automate inversif réduit $\mathcal{A}$ uniquement déterminé et effectivement calculable à partir de la donnée de X. On en déduira qu'un tel sous-groupe est libre et que l'on peut en calculer le rang et une base.

Soient $h_1, \ldots, h_r$ des mots de $(A \cup \bar{A})^*$ et soit H le sous-groupe de $F(A)$ engendré par $\rho(h_1)$, $\ldots$, $\rho(h_r)$. A partir de la donnée des h_i, on construit un automate $\mathcal{A}_1 = (Q_1, 1, \delta_1, \{1\})$ de la façon suivante. On pose

$$Q_1 = \{1\} \cup \{(i, u) \mid 1 \leq i \leq r, \ u \in (A \cup \bar{A})^+, \ \exists v \in (A \cup \bar{A})^+, \ uv = h_i\}.$$

Les transitions de $\mathcal{A}_1$ sont définies en posant, pour toute lettre $a \in A \cup \bar{A}$, une transition $(i, u) \xrightarrow{a} (i, ua)$ si (i, u) et (i, ua) sont des éléments de Q_1, une transition $(i, u) \xrightarrow{a} 1$ si $(i, u) \in Q_1$ et $ua = h_i$, une transition $1 \xrightarrow{a} (i, a)$ pour tout i tel que a est la première lettre de h_i, et une transition $1 \xrightarrow{a} 1$ s'il existe i tel que $h_i = a$. Enfin, pour toute transition $p \xrightarrow{a} q$ ainsi définie, on rajoute une transition $q \xrightarrow{\bar{a}} p$.

On construit ensuite par récurrence une suite d'automates $\mathcal{A}_n$ de la façon suivante. Si $n \geq 1$ et $\mathcal{A}_n = (Q_n, 1, \delta_n, \{1\})$ est défini, et si dans $\mathcal{A}_n$ il existe des états p, q, r et une lettre $a \in A \cup \bar{A}$ tels que $p \neq q$, $q \neq 1$, et $p, q \in \delta_n(r, a)$, alors on définit $\mathcal{A}_{n+1}$ comme suit (sinon $\mathcal{A}_{n+1}$ n'est pas défini et la construction s'arrête) : on fixe un tel quadruplet (p, q, r, a) et on identifie p et q. Formellement, on pose $Q_{n+1} = Q_n \smallsetminus \{q\}$ (si R et S sont deux ensembles, $R \smallsetminus S$ désigne l'ensemble des éléments de R qui ne sont pas dans S). Pour tout $s \in Q_n$ et tout $b \in A \cup \bar{A}$, on pose

$$\delta'_n(s, b) = \begin{cases} (\delta_n(s, b) \smallsetminus \{q\}) \cup \{p\} & \text{si } q \in \delta_n(s, b) \\ \delta_n(s, b) & \text{sinon.} \end{cases}$$

Enfin, si $s \in Q_{n+1}$ et $b \in A \cup \bar{A}$, on pose

$$\delta_{n+1}(s, b) = \begin{cases} \delta'_n(s, b) & \text{si } s \neq p \\ \delta'_n(p, b) \cup \delta'_n(q, b) & \text{si } s = p. \end{cases}$$

Il faut noter que la définition de $\mathcal{A}_{n+1}$ à partir de $\mathcal{A}_n$ repose sur un choix arbitraire : il peut y avoir plusieurs quadruplets de la forme (p, q, r, a) appelant une identification d'états.

6.1. Montrer que la construction de la suite $\mathcal{A}_n$ s'arrête au bout d'un nombre fini d'étapes.

6.2. Calculer le dernier des $\mathcal{A}_n$ lorsque H est le sous-groupe de $F(\{a, b\})$ engendré par $bab^{-1}a^{-1}$, $b^3a^{-1}ba^{-1}$ et b^2a^{-1}.

6.3. Montrer que $\rho(L(\mathcal{A}_1)) = H$.

6.4. Montrer que si $\mathcal{A}_n$ est défini, alors $\rho(L(\mathcal{A}_n)) = H$.

6.5. On note $\mathcal{B}_1$ le dernier automate de la suite ainsi construite. Montrer que $\mathcal{B}_1$ est un automate inversif tel que $\mathcal{H}(\mathcal{B}_1) = H$.

Posons maintenant $\mathcal{B}_1 = (P_1, 1, \varepsilon_1, \{1\})$. Lorsque $n \geq 1$, si $\mathcal{B}_n = (P_n, 1, \varepsilon_n, \{1\})$ est défini, et si $\mathcal{B}_n$ n'est pas réduit, il existe un état $q \neq 1$ dans P_n tel que $\varepsilon_n(q, a)$ est défini pour une unique lettre $a \in A \cup \bar{A}$ (voir la question **2.2**). Soit $p = \varepsilon_n(q, a)$. On définit alors un automate $\mathcal{B}_{n+1} = (P_{n+1}, 1, \varepsilon_{n+1}, \{1\})$ de la façon suivante. On pose d'abord $P_{n+1} = P_n \smallsetminus \{q\}$. Ensuite, pour tout $r \in P_{n+1}$ et tout $b \in A \cup \bar{A}$, on pose $\varepsilon_{n+1}(r, b) = \varepsilon_n(r, b)$ si $r \neq p$ ou $b \neq \bar{a}$. Par contre, $\varepsilon_{n+1}(p, \bar{a})$ n'est pas défini.

Il faut noter qu'ici encore, la construction de $\mathcal{B}_{n+1}$ à partir de $\mathcal{B}_n$ dépend d'un choix : il peut y avoir plusieurs paires (q, a) comme ci-dessus.

6.6. Montrer que la construction de la suite $\mathcal{B}_n$ s'arrête au bout d'un nombre fini d'étapes. Montrer que le dernier automate construit, appelons-le $\mathcal{C}$, est alors un automate inversif réduit.

6.7. Calculer $\mathcal{C}$ lorsque H est le sous-groupe H de la question **6.2**.

6.8. Montrer que l'automate $\mathcal{C}$ ne dépend pas des choix faits lors du passage de chaque $\mathcal{A}_n$ à l'automate $\mathcal{A}_{n+1}$ suivant, ni des choix faits pour passer de $\mathcal{B}_n$ à $\mathcal{B}_{n+1}$. Montrer qu'en fait, si H est également engendré par des éléments $k_1, \ldots, k_s \in F(A)$, alors la construction ci-dessus opérée sur les k_i au lieu des h_j mène au même automate $\mathcal{C}$.

Ainsi, si X est une partie finie de $(A \cup \bar{A})^*$ et si H est le sous-groupe de $F(A)$ engendré par $\rho(X)$, les résultats des sections 5 et 6 montrent que H est un groupe libre, et donnent des algorithmes pour calculer son rang et une base.

Deuxième partie

Corrigés

Petites questions d'algorithmique

(corrigé du sujet proposé pp. 3–13)

§1. Questionnaire

1.1. Pour toute fonction $f(n)$ sur $\mathbb{N}$ asymptotiquement positive ou nulle, on a : $f(n) + o(f(n)) \subseteq O(f(n))$
Vrai

1.2. Toute solution de la récurrence $T(n) = 3T(n/3) + O(\sqrt{n})$ appartient à $\Omega(n \log(n))$.

Faux : des fonctions linéaires sont solutions de la récurrence.

1.3. Dans le pire des cas, le nombre de comparaisons de *Quicksort* sur un tableau de taille n est $\Omega(n^2)$.

Vrai : par exemple si le pivot choisi est toujours le premier élément du sous-tableau courant et si le tableau est déjà trié.

1.4. Trier par comparaisons un tableau de n valeurs prises dans l'ensemble $\{0, \ldots, 9\}$ requiert $\Omega(n \log n)$ comparaisons.

Faux : ce problème est une généralisation du problème du drapeau hollandais. On peut le résoudre en temps linéaire, en appliquant 10 procédures de pivot. L'argument de comptage classique donne une borne inférieure en $\omega(n)$: il n'y a que 10^n applications de $\{1, \ldots n\}$ dans $\{0, \ldots, 9\}$.

1.5. Dans un graphe, l'arbre de recouvrement de poids minimal est unique lorsque toutes les arêtes portent des poids différents.

Vrai : remarquer qu'à chaque étape des algorithmes classiques (Prim-Dijkstra, Kruskal), il n'y pas d'alternative.

1.6. Un arbre binaire de recherche sur n entiers peut être construit en temps $O(n)$.

Faux : sinon on saurait trier en utilisant un nombre linéaire de comparaisons.

1.7. Dans une version probabiliste de *Quicksort*, on applique au tableau fourni en entrée une permutation aléatoire (tirée uniformément dans l'ensemble des permutations sur n éléments). Dans le pire des cas, l'espérance du temps de calcul de *Quicksort* probabiliste est $\Omega(n^2)$.

Faux : l'analyse en moyenne de *Quicksort* nous indique que le nombre moyen de comparaisons quand on applique *Quicksort* à une permutation aléatoire d'un tableau de n entiers est $2n \log n + o(n)$. Par ailleurs, quelle que soit la stratégie déterministe de choix du pivot, on peut choisir une permutation qui forcera *Quicksort* à effectuer de l'ordre de n^2 comparaisons. En revanche, si on applique au tableau donné en entrée, une permutation aléatoire (ce qui requiert $n \log n$ bits aléatoires et n transpositions), on réduit le cas le plus défavorable au cas moyen, et on obtient un algorithme probabiliste qui utilise $2n \log n$ comparaisons en moyenne (en fait ce nombre est extrêmement concentré), $n \log n$ bits aléatoires, et $0(n)$ transpositions. C'est donc un algorithme qui allie la simplicité de *Quicksort* et une performance garantie (avec une très forte probabilité).

Cette technique qui consiste à réduire le pire des cas au cas moyen a aussi été utilisée pour développer des méthodes de routages dans l'hypercube (Valiant et Brebner, 1981) ou pour étudier des problèmes de théorie des nombres (résiduosité quadratique).

Dans le cas du tri, on peut resituer la méthode de randomisation dans le cadre du principe MinMax de Yao. On peut à chaque permutation d'un tableau de n entiers et à chaque algorithme déterministe de tri par comparaison dans un tableau de n entiers (qui n'effectue pas de comparaisons répétées) associer un coût : le nombre de comparaisons à effectuées. Autour de ce coût, on peut construire un jeux à deux protagonistes. Le premier joueur choisit un algorithme, le second une donnée, la valeur du jeu est alors la valeur MinMax. Le jeu devient vraiment intéressant si les deux joueurs ont le droit d'utiliser des stratégies mixtes : de choisir au hasard les algorithmes ou les données. L'application de résultats classiques de théorie des jeux a permis à Yao de montrer que le nombre de comparaisons effectué par le meilleur algorithme probabiliste sur la donnée la plus défavorable coïncide avec le nombre de comparaisons moyen efféctué par le meilleur algorithme déterministe contre la pire des distributions sur les entrées.

1.8. Dans un graphe orienté arbitraire, on peut trouver un tri topologique en temps linéaire.

Faux : certains graphes orientés n'admettent pas de tri topologique.

1.9. On dispose de trois listes triées à trois éléments, on veut trouver le troisième plus petit élément dans l'ensemble constitué par la réunion de ces trois listes. On peut faire cela en 3 comparaisons.

Faux : l'élément recherché peut être n'importe lequel des neufs éléments. Si trois comparaisons étaient suffisantes, l'arbre de décision décrivant le comportement de l'algorithme aurait au plus huit feuilles. Une des positions serait donc exclue a priori, ce qui est incorrect.

1.10. En réduisant le problème du tri à la construction d'un tas (*heap*), on peut prouver que construire un tas sur n éléments requiert $\Omega(n \log n)$ comparaisons.

Faux : les tas sont constructibles en temps linéaire. Dans le tri par tas (heapsort), c'est la phase d'exploitation du tas qui coûte $\Omega(n \log n)$ opérations.

§2. Le problème des skieurs

2.1. Sans perdre en généralité on supposera que les skieurs sont triés par ordre croissant. Une affectation φ est dite monotone si

$$\forall i, j \in \{1 \ldots m\},\ i < j\ \Rightarrow\ L_{\varphi(i)} \leqslant L_{\varphi(j)}.$$

Toute affectation optimale est monotone. En effet si φ est optimale sans être monotone, il existe $i, j \in \{1 \ldots m\}$, $i < j$ et $L_{\varphi(i)} > L_{\varphi(j)}$. Mais alors l'affectation φ', telle que $\varphi'(i) = \varphi(j)$, $\varphi'(j) = \varphi(i)$ et $\varphi'(k) = \varphi(k)$ pour $k \notin \{i, j\}$ est de coût inférieur. En effet

$$\sum_k |L_{\varphi'(k)} - \ell_k| = \sum_{k \notin \{i,j\}} |L_{\varphi(k)} - \ell_k| + |L_{\varphi(j)} - \ell_i| + |L_{\varphi(i)} - \ell_j|.$$

Mais $|L_{\varphi(j)} - \ell_i| + |L_{\varphi(i)} - \ell_j| \leqslant |L_{\varphi(i)} - \ell_i| + |L_{\varphi(j)} - \ell_j|$. Il suffit d'envisager les 6 cas possibles.

Donc dans le cas où il y a autant de skis que de skieurs, l'affectation optimale est l'unique affectation monotone. On la détermine en triant les skis par taille croissante.

Dans le cas général, on peut supposer que les skis sont aussi triés par ordre croissant. Une affectation optimale φ possède la *propriété d'optimalité des sous-structures* : elle induit une affectation optimale des skis $\{0, \ldots, \varphi(m) - 1\}$ parmi les $m - 1$ plus petits skieurs.

Pour résoudre le problème général, on peut utiliser la *programmation dynamique* : on construit une table C, pour $k \geqslant h$ telle que $C(k, h)$ désigne le coût optimal d'une affectation des k plus petits skis parmi les h plus petits skieurs. La propriété d'optimalité des sous-structures implique la relation suivante : pour $k + 1 > h$,

$$C(k + 1, h) = \min(C(k, h), C(k, h - 1) + |L_{k+1} - \ell_h|). \qquad (1)$$

Pour calculer la première colonne de C, on utilise la règle suivante :

$$C(k + 1, 1) = \min(C(k, 1), |L_{k+1} - \ell_1|)$$

avec $C(1, 1) = |L_1 - \ell_1|$.

L'algorithme général est le suivant :

```
1    C(1,1) = |L_{1} - 1_{1}|
     Pour k de 1 de à n faire
        C(k+1, 1) = min(C(k,1), |L_{k+1} - 1_{1}|)
     FinFaire ;
5    Pour h de 1 à m faire
        calculer C(h,h).
     FinFaire ;
     Pour h de 2 à m faire
        Pour k de (h+1) à n faire
10         C(k,h) := min(C(k-1,h),
                         C(k-1,h-1) + |L_{k} - 1_{h}|)
        FinFaire ;
     FinFaire ;
     # Pour déterminer l'affectation optimale :
15   h := n ;
     Pour k de m à 1 faire
        Si (k=h ou C(k,h) < C(k-1,h))
```

```
         alors \phi(h) := k; h := h-1;
      FinSi ;
20    Si h=0
         alors Sortir ;
      FinSi ;
    FinFaire ;
```

On peut donc déterminer une affectation optimale en temps $O(n \times m)$.

§3. Source d'un graphe

3.1. Pour vérifier qu'un sommet est une source, il faut vérifier que son degré entrant est nul ($(n-1)$ examens) et vérifier que son degré sortant est $n-1$, donc il est nécessaire de faire au moins $2n-2$ examens. Appliquer n fois cette méthode « naïve » ne résout donc pas le problème.

Avant tout on notera qu'un graphe contient au plus une source. Si on teste une entrée $A(i,j)$, si $A(i,j) = 0$ alors i n'est pas une source, sinon j n'est pas une source.

On part d'une liste de n candidats. Tant que la liste contient au moins deux candidats, on en choisit deux, appelons les i et j, et on teste $A(i,j)$. Ce qui permet d'éliminer l'un ou l'autre de la liste. En $n-1$ étapes, on a éliminé tous les candidats sauf un. On vérifie au prix de $2n-2$ examens s'il s'agit bien d'une source. On peut donc déterminer la présence d'une source en au plus $3(n-1)$ examens (en fait il suffit de $(3(n-1) - \log_2 n)$ examens)

§4. Circuit impair d'un graphe

4.1. On doit remarquer qu'un circuit impair contient toujours au moins un circuit simple impair (le circuit peut se décomposer en une union disjointe de circuits simples, s'ils sont tous pairs le circuit composé l'est aussi).

On note A la matrice d'adjacence du graphe. On définit une multiplication matricielle sur la structure $(\{0,1\}, \vee, \wedge)$. $A^k[i,i] \neq 0$ si, et seulement si, il existe un circuit de longueur k passant par i. Pour répondre à la question, il suffit d'examiner les termes diagonaux des puissances impaires A. Il suffit par ailleurs de considérer les n premières puissances de A, puisque s'il existe des cycles impairs, il en existe de longueur inférieure à n.

Il suffit donc de calculer n puissances de A et d'en examiner les n termes diagonaux, soit $O(n^4)$ opérations.

§5. Correction de défaillance

5.1. $2n - 1$ appels sont suffisants : on effectue deux calculs du maximum en utilisant la boîte noire comme une sous-routine entièrement fiable. Cela requiert $2(n-1)$ appels. On compare les deux résultats et on choisit le plus grand. S'il n'y a pas eu de défaillance lors des deux calculs de maximaux, le résultat est nécessairement correct. S'il y a eu une défaillance lors d'un des deux calculs de maximum, elle est compensée par la dernière comparaison.

Réciproquement, $2n-1$ appels sont nécessaires. En effet, pour qu'un algorithme soit correct, il faut qu'à la fin, on dispose d'une preuve de ce que les $n - 1$ éléments qui n'ont pas été choisis ne sont pas le maximum. Pour être sûr qu'un élément n'est pas le maximum, il faut qu'il ait perdu au moins deux comparaisons. Cela implique donc immédiatement que $2n - 2$ comparaisons sont nécessaires.

Pour montrer qu'il en faut $2n - 1$ en pire cas, fixons une entrée quelconque, c'est à dire un ordre sur les éléments. La stratégie de la boîte noire est la suivante : elle dit toujours la vérité sauf dans la 1ère comparaison qui fait intervenir le maximum de la liste fixée (le maximum doit aussi participer aux comparaisons, il est le seul à pouvoir éliminer le 2ème plus grand). Cette comparaison fait remonter le nombre total à $2n - 1$.

§6. Cycle dans un graphe

6.1. La descente en profondeur permet de construire une base de l'espace des cycles. En effet si partant d'une liste vide, chaque fois que l'on rencontre un arc de retour, on ajoute à cette liste le cycle formé par le chemin d'arbre unissant les deux extrémités de l'arc arrière et l'arc arrière lui même, on construit une famille libre de cycles (on ne peut pas engendrer l'un des éléments de la liste à partir des autres puisque chaque arc arrière appartient à un seul élément de liste).

Cette famille est aussi génératrice de l'espace des cycles. On montre que tout cycle simple peut être engendré par la famille en raisonnant par induction sur le nombre d'arcs arrières du cycle simple.

6.2. Si deux cycles C_1 et C_2 sont deux cycles de la base qui partagent des arêtes communes, ces arêtes communes forment un chemin d'arbre et alors C_1, C_2 ou $C_1 \triangle C_2$ contient un cycle pair : si on additionne les longueurs de C_1, C_2 et du cycle construit en effectuant la différence symétrique de C_1 et C_2, chaque arête de C_1 et de C_2 est comptée deux fois. La somme de trois nombres pairs ne peut être impaire.

Si tous les cycles de bases sont disjoints et impairs, le graphe ne peut contenir de cycle simple pair.

§7. Médiane d'un ensemble

7.1. La médiane peut se trouver à n'importe laquelle des $2n$ positions. Considérons l'arbre de décision binaire qui décrit le comportement d'un algorithme de détermination de la médiane. A chaque comparaison correspond un nœud, selon le résultat on suit la branche gauche ou la droite. Cet arbre doit comporter au moins $2n$ feuilles. Il doit donc être de profondeur au moins $\log 2n$. Dans le pire des cas, il faut donc au moins $\log 2n$ comparaisons.

On peut atteindre cette borne grâce à l'algorithme récursif suivant : Si les deux listes sont de taille 1, on détermine la médiane en une comparaison. Si les deux listes sont de longueur $n > 1$, on compare les éléments en position $\lceil n/2 \rceil$ des deux listes. Si l'élément provenant de la première liste est le plus petit des deux, aucun des éléments qui le précèdent dans la première liste ne peut être la médiane, et symétriquement aucun des éléments de position strictement supérieure à $\lceil n/2 \rceil$ ne peut être candidat. En revanche la médiane des deux sous-listes de taille $\lceil n/2 \rceil$ formées par les plus grands éléments de la première liste et les plus petits éléments de la seconde liste est aussi la médiane de l'ensemble de départ.

Le temps d'exécution de cet algorithme est solution de la récurrence :

$$T(n) = 1 + T(\lceil n/2 \rceil) = k + T(\lceil n/2^k \rceil).$$

Il appartient à $O(\log n)$.

§8. Langages calculables

8.1. On construit un algorithme qui procède par programmation dynamique. Sur l'entrée $x_1 \ldots x_n$, où $x_i \in \{0, 1\}$, on va créer un tableau T de dimension $n \times n$, où par définition, pour $i \leqslant j$:

$$T(i, j) = \left\{ \begin{array}{ll} 1 & \text{si } x_i \ldots x_j \in L^* \\ 0 & \text{sinon.} \end{array} \right.$$

Il suffit de montrer qu'on peut trouver la valeur $T(1, n)$ en temps polynômial. On a la récurrence suivante sur $j - i$ pour les valeurs $T(i, j)$:

$$T(i, i) = \left\{ \begin{array}{ll} 1 & \text{si } x_i \in L \\ 0 & \text{sinon} \end{array} \right.$$

et

$$T(i, j) = \left\{ \begin{array}{ll} 1 & \text{s'il existe } i \leqslant k < j \text{ tel que } T(i, k) = 1 \\ & \qquad \text{et } T(k + 1, j) = 1, \text{ ou } x_i \ldots x_j \in L \\ 0 & \text{sinon} \end{array} \right.$$

pour $i < j$.

On peut évaluer les entrées du tableau dans l'ordre suivant :

a) pour $i = 1$ à n, calculer la valeur $T(i, i)$,

b) pour $i = 1$ à $n - 1$
   pour $j = 1$ à $n - i$
   calculer la valeur $T(i, j)$.

Il y a $O(n^2)$ entrées à calculer. Pour calculer une entrée, on regarde $O(n)$ valeurs déjà calculées dans le tableau et on fait un calcul polynômial pour décider si $x_i \ldots x_j \in L$. C'est pourquoi le temps de calcul de l'algorithme est $O(n^3 p(n))$ où $p(n)$ est un polynôme tel que L est calculable en temps $O(p(n))$.

§9. Suites unimodales

9.1. Une séquence unimodale appartient à une des 4 catégories suivantes :

a) la séquence d'abord croît, puis décroît ($t = 0$),

b) la séquence d'abord décroît, puis croît,

c) la séquence d'abord décroît, puis croît, puis décroît,

d) la séquence d'abord croît, puis décroît, puis croît.

On peut décider facilement à laquelle de ces 4 catégories a appartient en comparant ses deux premiers et ses deux derniers éléments.

a) Si $a_1 < a_2$ et $a_{n-2} > a_{n-1}$ alors a appartient à la première catégorie. Dans ce cas-là, on utilise une méthode similaire à la recherche dichotomique. On compare deux éléments consécutifs a_i et a_{i+1} au milieu de la séquence. Si $a_i < a_{i+1}$, on cherche le maximum récursivement dans la moitié droite de a (y compris a_{i+1}), sinon dans la moitié gauche de a (y compris a_i). On s'arrête quand il ne reste que deux éléments : le plus grand des deux est le maximum. Le nombre de comparaisons est

$$T(n) = T(n/2) + O(1) = O(\log n).$$

b) Si $a_1 > a_2$ et $a_{n-2} < a_{n-1}$ alors a appartient à la deuxième catégorie. Dans ce cas-là le maximum est le plus grand de a_0 et de a_{n-1}, par conséquent le nombre de comparaisons est $O(1)$.

c) Si $a_1 > a_2$ et $a_{n-2} > a_{n-1}$ alors a appartient à la troisième catégorie. Appelons b la première partie décroissante de a, appelons c sa partie croissante, et appelons d sa deuxième partie décroissante. On fait de nouveau une sorte de recherche dichotomique en comparant deux éléments consécutifs a_i et a_{i+1} au milieu de a. Si $a_i < a_{i+1}$ alors ils sont dans la partie c. Dans ce cas-là on fait une recherche, comme pour le premier cas, sur la moitié droite de a (y compris a_{i+1}). Si $a_i > a_{i+1}$, ils sont dans la partie b ou dans la partie d. Cela se décide en comparant a_i avec par exemple avec a_0, le premier élément de l'intervalle (en observant que n'importe quel élément de b est plus petit que n'importe quel élément de d, sinon la séquence ne serait pas unimodale). Si $a_i < a_0$ alors a_i est aussi dans b, et on applique récursivement le troisième cas avec la moitié droite de a. Sinon

a_i est dans d, et on fait récursivement le troisième cas avec la moitié gauche de a.

d) Si $a_1 < a_2$ et $a_{n-2} < a_{n-1}$ alors a appartient à la quatrième catégorie. Ce cas est analogue au cas précédent.

§10. MAJSAT et #SAT

10.1. On définit le langage L par

$$L = \{(i, \varphi) \mid 0 \leqslant i < 2^n, \varphi \in \mathcal{F}_n, \varphi \text{ est satisfait par plus de}$$
$$i \text{ assignations}\}.$$

Il suffit de montrer que L est décidable en temps polynômial puisque clairement le calcul de la fonction $\#SAT$ est réductible en temps polynômial à L en utilisant la recherche dichotomique. Pour décider L, on utilisera le résultat suivant :

Pour tout $n > 0$, pour tout $0 < j \leqslant 2^n$, il existe une formule ψ à n variables et de taille polynômiale telle que le nombre d'assignations satisfaisantes pour ψ est j.

En effet, si $j = 2^n$, par exemple la formule $x_1 \vee \bar{x}_1$ vérifie le résultat. Sinon, d'après l'écriture binaire de j, il existe $k \leqslant n$, et des entiers $1 \leqslant r_1 < \ldots < r_k$, tels que $j = 2^{n-r_1} + \ldots + 2^{n-r_k}$. Alors la formule

$$\psi(x_1, \ldots, x_n) = (x_1 \wedge \ldots \wedge x_{r_1}) \vee$$
$$(x_1 \wedge \ldots \wedge x_{r_1-1} \wedge \bar{x}_{r_1} \wedge x_{r_1+1} \wedge \ldots \wedge x_{r_2})$$
$$\vee \ldots \vee (x_1 \wedge \ldots \wedge \bar{x}_{r_1} \wedge \ldots \wedge \bar{x}_{r_{k-1}} \wedge \ldots \wedge x_{r_k})$$

vérifie le résultat.

Finalement on peut réduire L à $MAJSAT$ en temps polynômial de la façon suivante. Sur (i, φ), soit $\psi(x_1, \ldots, x_n)$ une formule qui a $2^n - i$ assignations satisfaisantes. On définit

$$\xi(x_0, x_1, \ldots, x_n) = (x_0 \wedge \varphi) \vee (\bar{x}_0 \wedge \psi).$$

Clairement $(i, \varphi) \in L$ si, et seulement si, $\xi \in MAJSAT$.

§11. Couplages parfaits

Notons $G' = (X \cup Y, A)$ le graphe orienté suivant : les sommets de G' sont ceux de G ; à toute arête $\{u, v\}$ du couplage M correspond un arc de $u \in X$ vers $v \in Y$, et à toute arête de $E \smallsetminus M$ correspond un arc dirigé de Y vers X. On a alors le résultat suivant :

> *G possède un second couplage parfait si, et seulement si, G' possède une composante fortement connexe non triviale. De plus, la donnée d'un circuit de G' permet de construire un second couplage parfait de G.*

En effet,

– supposons que G possède un second couplage parfait M'. Il existe une paire de sommets $(u_0, v_0) \in X \times Y$ telle que $(u_0, v_0) \in M$ et $(u_0, v_1) \in M'$, $(u_1, v_0) \in M'$ avec $v_0 \neq v_1$ et $u_0 \neq u_1$. Si $(u_1, v_1) \in M$, $(u_0, v_0, u_1, v_1, u_0)$ forme un circuit dans G'. Sinon il existe $(u_2, v_2) \in X \times Y$ tel que $(u_1, v_2) \in M$, $(u_2, v_1) \in M$, si $(u_2, v_2) \in M'$, on a construit un circuit de G'.

On rend cette construction systématique par la procédure suivante :

```
 1    fonction construction_de_cycle(graphe G, G' ;
                      couplage M, M' ; sommet u_0, v_0)
      { boucle := faux ;
        chemin := (u_0, v_0) ;
 5      i       := 0 ;
        Répéter
          Si (i modulo 2 = 0) alors
            Si [(premier(chemin),dernier(chemin))
                            n'appartient pas à M'] alors
10              choisir (u,v) tels que
                  (premier(chemin), v) appartient à M'
                  (u, dernier(chemin)) appartient à M' ;
                chemin := (v,chemin,u) ;
            sinon
15              boucle := vrai ;
            FinSi;
          sinon
            Si [(dernier(chemin),premier(chemin))
                            n'appartient pas à M] alors
20              choisir (u,v) tels que
```

```
              (u,premier(chemin)) appartient à M
              (dernier(chemin),v) appartient à M ;
           chemin := (u,chemin,v) ;
        sinon
25         boucle := vrai ;
        FinSi
     FinSi
     incrémente i ;
   tant que (boucle = vrai)
30 }
```

Tant qu'on n'a pas réussi à fermer un circuit, on construit un chemin qui alterne les arêtes de M et de M'. Cela est possible car si (u_k, v_k) ont été adjoints en suivant des arêtes de M (resp. M'), alors leurs voisins via M' (resp. M) ne peuvent figurer parmi les sommets incorporés précédemment dans le chemin alterné. Cet invariant est vérifié initialement, il est préservé lors de chaque ajout de paire de sommets. Si on a construit $u_{n-1} \ldots, u_2, v_1, u, v, u_1, v_2, \ldots v_{n-1}$, c'est à dire si on n'a pas réussi à construire un circuit avant d'incorporer la dernière paire de sommets et que celle-ci a été ajoutée au chemin en suivant des arêtes de M (resp M'), alors d'après l'invariant préservé par la construction du chemin, $(u_{n-1}, v_{n-1}) \in M'$ (resp. M). Le circuit est bouclé.

– Réciproquement, supposons que G' comporte une composante fortement connexe non triviale. G' comporte donc un circuit non trivial. Par définition de G' ce circuit alterne des arcs correspondant à des arêtes de M et des arcs correspondant à des arêtes de $E \smallsetminus M$. En échangeant les arêtes de M et celles de $E \smallsetminus M$, on obtient un nouveau couplage parfait de G.

La construction de G' requiert un temps linéaire en $n+m$, la construction d'un cycle éventuel dans G' peut être réalisée par un parcours en profondeur en temps $O(m + n)$. La construction d'un second couplage parfait s'il en existe un est donc apparemment plus facile que la construction du premier couplage parfait.

§12. 2-SAT

L'algorithme repose sur le fait suivant :

> *une formule φ de 2-SAT est satisfaisable si, et seulement si, pour toute variable p figurant dans φ, v_p et $v_{\neg p}$ n'appartiennent pas à la même composante fortement connexe de G_φ.*

En effet,

– supposons qu'il existe une assignation σ qui satisfait l'ensemble des 2-clauses de φ. Alors si l est un littéral et $\sigma(l) = 1$, si l est un littéral, si $v_{l'}$ est accessible à partir de v_l, $\sigma(l') = 1$. On peut le montrer par induction sur la longueur du chemin de v_l à $v_{l'}$. Donc on ne peut avoir v_l et $v_{\neg l}$ dans la même composante fortement connexe.

– réciproquement, supposons que pour tout littéral v_l et $v_{\neg l}$ n'appartiennent pas à la même composante fortement connexe du graphe G associé à φ.

On peut alors faire les remarques suivantes :

a) rappelons d'abord que la décomposition de G_φ en composantes fortement connexes définit un graphe orienté H_φ dont les sommets correspondent aux composantes fortement connexes de G_φ, et où il existe un arc entre le sommet associé à la composante connexe C de G_φ et le sommet associé à la composante connexe C' de G_φ, s'il existe un arc (u, v) dans G_φ avec $u \in C$ et $v \in C'$. H_φ est sans circuit.

b) toute assignation σ qui satisfait φ doit satisfaire la propriété suivante : tous les littéraux associés à des sommets d'une même composante fortement connexe doivent être assignés à la même valeur dans φ.

c) si l et l' sont associés à la même composante fortement connexe de G_φ, alors $\neg l$ et $\neg l'$ sont aussi associés à une même composante fortement connexe de G_φ.

d) un puits (resp. une source) de H_φ est un sommet de degré sortant (resp. entrant) nul. Si un littéral est associé à un puits de G', alors sa négation est associée à une source de G'.

e) si une assignation satisfait φ, elle détermine une partition des sommets de H_φ, et le sous-ensemble des sommets associé à la valeur 1 est clos par successeur.

f) enfin rappelons qu'un sous-graphe induit de H_φ définit une sous-formule de φ : l'ensemble des clauses de φ où apparaissent seulement les littéraux associés à des sommets du sous-graphe induit de G_φ.

La profondeur de H_φ est la longueur du plus long chemin de H_φ. Pour prouver l'existence d'une assignation satisfaisant φ, on peut raisonner par induction sur la profondeur du graphe quotient G' de G_φ.

Si le graphe quotient est de profondeur 0, on peut d'après la remarque c) regrouper les sommets de H_φ par paires : chaque paire correspond à un groupe de littéraux, elle contient la composante associée à ces littéraux et la composante associée à leurs négations. Pour chaque paire il faut (et il suffit de) choisir la composante qui sera affectée à 1.

Supposons que l'on sache construire une assignation satisfaisante σ lorsque H_φ est de profondeur inférieure ou égale à k.

Si H_φ est de profondeur $k + 1$. On construit l'assignation de la façon suivante : tout littéral associé à un puits qui n'est pas en même temps une source de H_φ est affecté à 1 dans σ. Les sources correspondants à ces puits sont affectées à 0 dans σ. Les sommets affectés de H_φ (ce sont des puits ou des sources de H_φ) sont retranchés de H_φ. Le sous-graphe induit par les sommets restants définit une sous-formule de φ, et ce graphe est de profondeur $\leqslant k$. On peut donc construire une assignation σ' satisfaisant cette sous-formule. En complétant σ à l'aide de σ', on obtient une assignation qui satisfait φ.

Énumération et réseaux

(corrigé du sujet proposé pp. 15–21)

§1. Réseaux ambigus

1.1. La figure ci dessous indique des étiquetages localement bijectifs et non injectifs qui montrent que les réseaux correspondants sont ambigus.

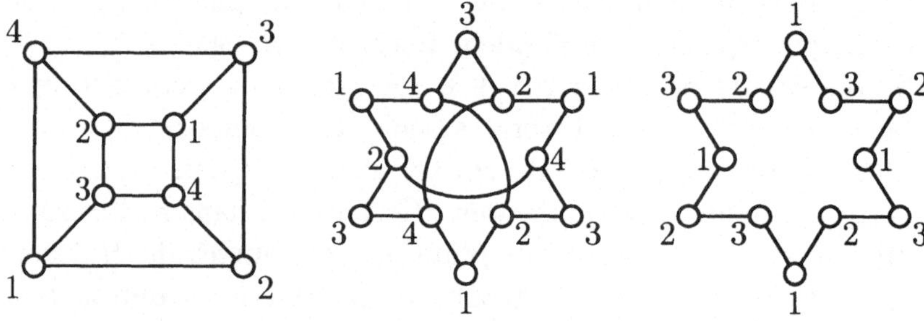

1.2. – Supposons que deux sommets similaires s et s' aient des voisinages non disjoints, soit $s'' \in V(s) \cap V(s')$ alors s et s' sont deux sommets de $V(s'')$ qui ont la même valeur par σ ce qui contredit le fait que σ est localement bijectif et donc injectif en restriction au voisinage de s''.

Deux arêtes non disjointes similaires sont des arêtes de la forme $\{s; s'\}$ et $\{s; s''\}$ avec s' et s'' similaires, ce qui signifie que s' et s'' sont des sommets similaires ayant des voisinages non disjoints ce qui est impossible comme on vient de le voir : cela contredit le fait que σ est injectif en restriction au voisinage de s.

– Montrons $|\mathrm{sim}_\lambda(s)| = |\mathrm{sim}_\lambda(s')|$ lorsque s et s' sont *voisins*. Soit $\mathrm{sim}_\lambda(s) = \{s, s_1, \ldots, s_{k-1}\}$, deux sommets similaires ont des voisinages similaires et disjoints donc il existe des sommets $s_i' \in V(s_i)$ similaires à $s' \in V(s)$, ces sommets étant de plus distincts entre eux et distincts de s'. Ainsi $|\mathrm{sim}_\lambda(s')| \geqslant |\mathrm{sim}_\lambda(s)|$ et donc $|\mathrm{sim}_\lambda(s)| = |\mathrm{sim}_\lambda(s')|$ par symétrie. Comme le graphe est connexe, on en déduit que l'identité $|\text{sim}_\lambda(s)| = |\text{sim}_\lambda(s')|$ reste valide pour toute paire de sommets s et s'.

Les arêtes similaires à l'arête $a = \{s_1; s_2\}$ sont de la forme $\{s_1'; s_2'\}$ avec s_1 similaire à s_1' et s_2 similaire à s_2', comme deux arêtes similaires sont disjointes on en déduit que $|\text{sim}_\lambda(a)| \leqslant |\text{sim}_\lambda(s_1)|$. Maintenant chaque sommet similaire à s_1 contient un voisin similaire à s_2 (car des sommets similaires ont des voisinages similaires) et ces sommets sont tous distincts (car les voisinages de deux sommets similaires sont disjoints); ceci nous donne $|\text{sim}_\lambda(a)| \geqslant |\text{sim}_\lambda(s_1)|$ et donc $|\text{sim}_\lambda(a)| = |\text{sim}_\lambda(s_1)|$.

Dire qu'une bijection locale est d'ordre 1 revient à dire qu'elle est injective, par conséquent un réseau dont toutes les bijections locales sont d'ordre 1 est non ambigu.

1.3. Comme toute paire de sommets d'un graphe complet sont voisins et que (par **1.2**) deux sommets similaires par une bijection locale ne peuvent être voisins on en déduit qu'une bijection locale d'un réseau complet est nécessairement injective, c'est à dire qu'un tel réseau est non ambigu.

1.4. La relation de similarité définie sur l'ensemble des sommets du réseau est une relation d'équivalence; par **1.2**, toutes ses classes ont la même cardinalité on en déduit que si un réseau a un nombre premier de sommets, soit il y a une seule classe ou chaque classe ne contient qu'un élément. Par hypothèse, le réseau possède au moins deux sommets voisins et ceux-ci ne sont pas similaires; donc le premier cas est exclu et on en déduit que toute bijection locale est d'ordre 1, et donc qu'un tel réseau est non ambigu.

De la même façon, la relation de similarité définie sur l'ensemble des arêtes du réseau est une relation d'équivalence; par **1.2**, toutes ses classes ont la même cardinalité; on en déduit que si un réseau a un nombre premier d'arêtes, soit il y a une seule classe, soit chaque classe ne contient qu'un élément. Dans le premier cas il s'agit du réseau réduit à une arête, qui est non ambigu car il s'agit d'un réseau complet (**1.3**). Dans le second cas on en déduit que la bijection locale est d'ordre 1. Un réseau ayant un nombre premier d'arêtes est donc non ambigu.

1.5. D'après **1.2**, l'ordre d'une bijection locale d'un réseau divise à la fois le nombre de ses sommets et le nombre de ses arêtes. Or si le réseau est un arbre ces deux nombres sont premiers entre eux (car $|A| = |S| - 1$) et donc toute bijection locale est nécessairement d'ordre 1, ainsi un arbre est non ambigu.

1.6. Si $\sigma_1[r/s > \sigma_2$ est une dérivation et σ_1' est un état tel que $\forall s' \in S \smallsetminus V(s) \quad \sigma_1'(s') = \sigma_1(s')$ alors $\sigma_1'[r/s > \sigma_2'$ est une dérivation avec

$$\sigma_2'(s') = \begin{cases} \sigma_2(s') & \text{si} \quad s' \in V(s) \\ \sigma_1'(s') & \text{sinon} \end{cases}$$

Ceci nous permet de construire par récurrence la suite de dérivations requises avec

$$\sigma_{\tau,j}(s') = \begin{cases} \sigma_{\tau(i)}(s') & \text{si} \quad s' \in V(s_{\tau(i)}) \quad \text{pour} \quad 1 \leqslant i \leqslant j \\ \sigma(s') & \text{sinon} \end{cases}$$

et donc $\sigma_{\tau,n}$ ne dépend pas de la permutation τ :

$$\sigma_{\tau,n}(s') = \begin{cases} \sigma_i(s') & \text{si } s' \in V(s_i \\ \sigma(s') & \text{sinon.} \end{cases}$$

1.7. Soit σ un état λ-compatible et $\sigma[r/s > \sigma'$ une dérivation d'un protocole. Posons $\text{sim}_\lambda(s) = \{s_1, \ldots, s_n\}$ l'ensemble des sommets similaires à s, avec disons $s = s_1$. Si une règle d'un protocole est applicable en un état λ-compatible σ au sommet s, elle l'est également en cet état en chacun des sommets similaires à s et la dérivation correspondante en s_i, $\sigma[r/s_i > \sigma_i$ est telle que

$$\sigma_i(s') = \begin{cases} \sigma'(\varphi_i(s')) & \text{si } s' \in V(s_i) \\ \sigma(s') & \text{sinon} \end{cases}$$

où $\varphi\colon V(s_i) \to V(s)$ est l'application qui associe à tout sommet de $V(s_i)$ le sommet de $V(s)$ qui lui est similaire. Par **1.2** les sommets similaires à s ont des voisinages disjoints, on en déduit par **1.6** la dérivation parallèle

$$\sigma[\{r/s_1, \ldots, r/s_n\} > \sigma'' \quad \text{avec } \sigma''(s') = \begin{cases} \sigma_i(s') & \text{si } s' \in V(s_i) \\ \sigma(s') & \text{sinon.} \end{cases}$$

Montrons que σ'' est λ-compatible. Pour cela considérons s' et s'' deux sommets λ-similaires. Supposons que $s' \in V(s_i)$, comme s'' est similaire à s' on a $s'' \in V(s_j)$ pour un certain j et alors $\sigma''(s') = \sigma''(s'') = \sigma'(s''')$ où s''' est le sommet de $V(s)$ similaire à s' et à s''. Si $s' \notin \bigcup_{1 \leqslant i \leqslant n} V(s_i)$ alors il en est de même de s'' et $\sigma''(s') = \sigma(s') = \sigma(s'') = \sigma''(s'')$.

1.8. soit λ une bijection locale d'ordre $k > 1$ d'un réseau $\mathcal{R} = (S, A)$. Supposons que $\mathcal{P} = (L, R)$ soit un protocole d'énumération pour $\mathcal{R}$, c'est à dire qu'il existe un état local $\ell_0 \in L$ pour lequel toute exécution du protocole $\mathcal{P}$ sur le réseau $\mathcal{R}$ à partir de l'état σ_0, tel que $\forall s \in S \quad \sigma_0(s) = \ell_0$, termine et fournit une énumération de S, ce qui signifie que toute exécution à partir de l'état σ_0 termine et fournit un résultat qui est une *injection*. Par conséquent tout état λ-compatible ne peut être le résultat d'une exécution du protocole $\mathcal{P}$ à partir de σ_0 (puisque lui même non injectif). Par conséquent si $(\sigma_i[r_i/s_i > \sigma_{i+1}, 0 \leqslant i \leqslant m-1)$ est une exécution finie du protocole $\mathcal{P}$ à partir de σ_0 conduisant à un état σ_m compatible avec la bijection locale λ, il existe une règle $r \in R$ qui peut s'appliquer en un sommet $s \in S$ pour l'état σ_m. Par **1.7**, cette règle peut également s'appliquer en chacun des sommets similaires à s et fournir une dérivation parallèle $\sigma_m[\{r/s'|s' \in \mathrm{sim}_\lambda\} > \sigma'$ où σ' est un état λ-compatible. Puisque l'état initial est constant et donc λ-compatible, on peut en itérant cette construction obtenir une suite infinie de dérivation du protocole à partir de l'état σ_0, ce qui fournit la contradiction.

§2. Un protocole d'énumération universel

2.1. Si $f\colon X \to \mathbb{N}$ est une fonction connexe non injective, soient x_1 et x_2 deux éléments distincts de X ayant la même valeur par f et $k = \max\{f(x) \mid x \in X\}$, la fonction $g\colon X \to \mathbb{N}$ donnée par

$$g(x) = \begin{cases} f(x) & \text{si} \quad x \neq x_1 \\ k+1 & \text{si} \quad x = x_1 \end{cases} \quad \text{est connexe et plus grande que } f.$$

2.2. $g(X) \cap (\mathbb{N} \smallsetminus \{0\}) = [f(X) \cap (\mathbb{N} \smallsetminus \{0\})] \cup \{k+1\}$ où $k = \max\{f(y) \mid y \in Y\}$, puisque $k \in f(X)$ la fonction g est connexe.

2.3. $A \prec B \Leftrightarrow \forall a \in A \smallsetminus B \; \exists b \in B \smallsetminus A \quad a < b$. Supposons $A \prec B \prec C$ et $a \in A \smallsetminus C$ on doit exhiber $c \in C \smallsetminus A$ tel que $a < c$. Posons $\beta = \max(B \smallsetminus A)$ et $\gamma = \max(C \smallsetminus B)$.

   – supposons $a \notin B$. Alors $a < \beta$ puisque $A \prec B$. Si $\beta \in C$ alors le résultat est obtenu avec $c = \beta$. Si $\beta \notin C$ alors $\beta < \gamma$ et $\gamma \notin A$ car $\gamma \in A$ contredit $A \prec B$, le résultat est alors obtenu avec $c = \gamma$.

   – supposons $a \in B$. Puisque $B \prec C, a < \gamma$. $\gamma \in A$ contredit $A \prec B$; donc $\gamma \in C \smallsetminus A$ et le résultat est obtenu avec $c = \gamma$.

  L'antisymétrie est évidente.

Si A et B sont deux ensembles distincts, alors au moins un des deux ensembles $A \smallsetminus B$ et $B \smallsetminus A$ est non vide, ces ensembles n'ont aucun éléments en commun on a donc $\max(A \smallsetminus B) \neq \max(B \smallsetminus A)$ et donc $A \prec B$ ou $B \prec A$.

2.4.

$$\sigma_0 = \begin{pmatrix} (0, \varnothing, \varnothing), \\ (0, \varnothing, \varnothing), \\ (0, \varnothing, \varnothing) \end{pmatrix}$$

$$\sigma_1 = \begin{pmatrix} (1, \varnothing, \{(1, \varnothing); (0, \{1\})\}), \\ (0, \{1\}, \{(1, \varnothing); (0, \{1\})\}), \\ (0, \varnothing, \varnothing) \end{pmatrix}$$

$$\sigma_2 = \begin{pmatrix} (1, \varnothing, \{(1, \varnothing); (0, \{1\})\}), \\ (0, \{1\}, \{(1, \varnothing); (0, \{1\})\}), \\ (0, \varnothing, \{(1, \varnothing); (0, \{1\})\}) \end{pmatrix}$$

$$\sigma_3 = \begin{pmatrix} (1, \varnothing, \{(1, \varnothing); (0, \{1\})\}), \\ (0, \{1; 2\}, \{(1, \varnothing); (0, \{1\}); (0.\{1; 2\}); (2, \varnothing)\}), \\ (2, \varnothing, \{(1, \varnothing); (0, \{1\}); (0.\{1; 2\}); (2, \varnothing)\}) \end{pmatrix}$$

$$\sigma_4 = \begin{pmatrix} (1, \varnothing, \{(1, \varnothing); (0, \{1\}); (0.\{1; 2\}); (2, \varnothing)\}), \\ (0, \{1; 2\}, \{(1, \varnothing); (0, \{1\}); (0.\{1; 2\}); (2, \varnothing)\}), \\ (2, \varnothing, \{(1, \varnothing); (0, \{1\}); (0.\{1; 2\}); (2, \varnothing)\}) \end{pmatrix}$$

$$\sigma_5 = \begin{pmatrix} (1, \{3\}, \{(1, \varnothing); (0, \{1\}); (0.\{1; 2\}); (2, \varnothing)(1, \{3\}); \\ (3, \{1; 2\}); (2, \{3\})\}), \\ (3, \{1; 2\}, \{(1, \varnothing); (0, \{1\}); (0.\{1; 2\}); (2, \varnothing)(1, \{3\}); \\ (3, \{1; 2\}); (2, \{3\})\}), \\ (2, \{3\}, \{(1, \varnothing); (0, \{1\}); (0.\{1; 2\}); (2, \varnothing)(1, \{3\}); \\ (3, \{1; 2\}); (2, \{3\})\}) \end{pmatrix}$$

L'exécution est terminée car les trois boîtes à lettres sont égales et en chaque sommet le registre est plus grand que les messages ayant le même identificateur que le sommet.

2.5. Si $n_i(s) \neq n_{i+1}(s)$ c'est que $n_{i+1}(s) = \max(N_i(s)) + 1$ et comme $n_i(s) \in N_i(s))$ on déduit $n_i(s) < n_{i+1}(s)$. Si $R_i(s) \neq R_{i+1}(s)$ cela signifie que $R_{i+1}(s) = (R_i(s) \smallsetminus \{k\}) \cup \{k'\}$ avec $0 \leqslant k \leqslant k'$ et donc $R_i(s) \preceq R_{i+1}(s)$. Les boîtes à lettres quant à elles ne font que croître.

2.6. On fait la preuve par récurrence sur i. Pour $i = 0$ il n'y a rien à prouver puisque $n_0(s) = 0$ pour tout $s \in S$. Supposons cette propriété pour tout k tel que $0 \leqslant k < i$. Supposons $n_i(s) = n > 0$, si $n_i(s) = n_{i+1}(s)$ alors la propriété est prouvée par **2.5** en prenant $s' = s$. Si $n_i(s) \neq n_{i+1}(s)$, alors il existe $k \leqslant i$ et $s_k \in S$ tels que $n_k(s_k) = n$ et $R_i(s) \prec R_k(s_k)$. Si $k = i$ alors $s \neq s_k$ et donc $n_i(s_k) = n_{i+1}(s_k)$ et $R_i(s) \preceq R_{i+1}(s_k)$ ce qui prouve le résultat. Si $k < i$, par hypothèse de récurrence appliquée $i - k$ fois on déduit un s' tel que $n_i(s') = n$ et $R_i(s) \preceq R_i(s')$, on déduit comme précédemment $s \neq s'$ et $n_{i+1}(s') = n$ et $R_i(s) \preceq R_{i+1}(s')$.

2.7. On fait la preuve par récurrence sur i. Le cas $i = 0$ est trivialement vérifié. Soit $s' \in V(s)$ tel que $n_{i+1}(s') = n > 0$. Si $n = n_i(s')$, par hypothèse de récurrence on déduit $n \in N_i(s)$ et donc $n \in N_{i+1}(s)$. Si $n \neq n_i(s')$ alors par application du protocole en s', $(n, R_{i+1}(s')) \in B_{i+1}(s')$ et donc $n \in N_{i+1}(s)$.

2.8. On fait la preuve par récurrence sur i. Le cas $i = 0$ est trivialement vérifié. Supposons par l'absurde qu'il existe $s', s'' \in V(s)$ distincts tels que $n_{i+1}(s') = n_{i+1}(s'') > 0$. Si $n_i(s') = n_{i+1}(s')$ et $n_i(s'') = n_{i+1}(s'')$ l'hypothèse de récurrence nous fournit la contradiction. Si par exemple $n_i(s') < n_{i+1}(s')$ (et donc $n_i(s'') = n_{i+1}(s'')$) alors $n_{i+1}(s') > \max(N_i(s'))$. Puisque $s'' \in V(s)$, par **2.7**, il vient $n_i(s'') = n_{i+1}(s'') \in N_i(s)$, par la condition du renommage $N_i(s) = N_i(s')$ d'où $n_{i+1}(s') > n_{i+1}(s'')$.

2.9. On fait la preuve par récurrence sur i. Le cas $i = 0$ est trivialement vérifié. Supposons $R_i(s) = n_i(V(s) \smallsetminus \{s\}) \smallsetminus \{0\}$. Si aucun des sommets voisins de s n'a changé son identificateur en σ_i, alors $R_{i+1}(s) = R_i(s) = n_i(V(s) \smallsetminus \{s\}) \smallsetminus \{0\} = n_{i+1}(V(s) \smallsetminus \{s\}) \smallsetminus \{0\}$. Si au contraire il existe un sommet s' voisin de s pour lequel $n_i(s') \neq n_{i+1}(s')$, alors $R_{1+1} = (R_i(s) \smallsetminus \{n_i(s')\}) \cup \{n_{i+1}(s')\}$ comme par ailleurs $n_{i+1}(V(s) \smallsetminus \{s\}) = n_i(V(s) \smallsetminus \{s, s'\}) \cup \{n_{i+1}(s')\}$ la conclusion $R_{i+1}(s) = n_{i+1}(V(s) \smallsetminus \{s\}) \smallsetminus \{0\}$ suit lorsque $n_i(s') = 0$ mais aussi lorsque $n_i(s') > 0$ en utilisant **2.8**.

2.10. On fait la preuve par récurrence sur i. Le cas $i = 0$ est trivialement vérifié. Si $n_{i+1} = n_i$ alors elle est connexe par hypothèse de récurrence. Sinon cela signifie qu'il existe $s \in S$ $n_i(s) < n_{i+1}(s)$ et alors ou bien $n_i(s) = 0$ ou bien $\exists j < i$ $\exists s_i \in S$ $n_i(s) = n_j(s_1) > 0$ et $R_i(s) \prec R_j(s')$, par application successive de **2.6**, on déduit $\exists s_2 \in S$ $n_i(s_2) = n_i(s)$ et $R_i(s) \prec R_i(s_2)$ et donc en particulier $s \neq s_2$. Par conséquent on a

$$n_{i+1}(s') = \begin{cases} n_i(s') & \text{si } s' \neq s \\ \max\{n_i(s'') \mid s'' \in V(s)\} + 1 & \text{si } s' = s \end{cases}$$

et $n_i(s) = 0$ ou $n_i(s) = n_i(s_2)$ pour un certain $s_2 \neq s$; on en déduit par **2.2** que n_{i+1} est connexe.

2.11. On ordonne les états locaux du protocole par

$$(n, R, B) \leqslant (n', R', B') \;\Leftrightarrow\; n \leqslant n' \wedge R \preceq R' \wedge B \subseteq B'$$

l'ordre sur les états qui s'en déduit est défini point à point :

$$\sigma \leqslant \sigma' \;\Leftrightarrow\; \forall s \in S \quad \sigma(s) \leqslant \sigma'(s).$$

Soit $\sigma_0[s_1 > \sigma_1[s_2 > \sigma_2 \dots \sigma_n[s_{n+1} > \sigma_{n+1} \dots$ une exécution du protocole. Par **2.5**, $\sigma_i \leqslant \sigma_{i+1}$ pour tout $i \geqslant 0$. De plus $\sigma_i \neq \sigma_{i+1}$ car il existe au moins un sommet s pour lequel $\sigma_i(s) < \sigma_{i+1}(s)$ ou $B_i(s) \subsetneq B_{i+1}(s)$. On en déduit que la suite des états

$$\sigma_0 < \sigma_1 < \dots < \sigma_n < \dots$$

est strictement croissante. Par **2.10** $\sigma_i(s) \leqslant |S|$, par ailleurs tout $B_i(s)$ est contenu dans l'ensemble $\{(k, W) \mid 0 \leqslant k \leqslant |S| \wedge W \subseteq \{1, 2, \dots, |S|\}\}$, il s'en suit que l'exécution est nécessairement finie.

2.12. Si σ_m est le résultat d'une exécution du protocole à partir de l'état σ_0, alors

   i) toutes les boîtes à lettres sont égales ;

   ii) tous les identificateurs sont non nuls en σ_m sinon une dérivation du protocole serait possible dans cet état ;

   iii) découle de **2.9** ;

   iv) supposons $n_m(s') = n_m(s'')$ et $n_m(V(s') \smallsetminus \{s'\}) \neq n_m(V(s'') \smallsetminus \{s''\})$. Par exemple, $n_m(V(s') \smallsetminus \{s'\}) \prec n_m(V(s'') \smallsetminus \{s''\})$, donc par iii) $R_m(s') \prec R_m(s'')$. Par ailleurs $(n_m(s''), R_m(s'')) \in B_m(s')$, donc le protocole s'applique en s' ce qui nous donne la contradiction.

   v) suit de **2.8** et du point iv) ci dessus.

2.13. Soit $\mathcal{R} = (S, A)$ un réseau et n_m le résultat d'une exécution du protocole sur $\mathcal{R}$. L'application n_m est connexe par **2.10**, et localement bijective par **2.12v**). Par conséquent, ou bien n_m est une énumération (*i.e.* par **2.2** une application connexe sur S maximale) ou bien il s'agit d'un étiquetage localement bijectif d'ordre $k > 1$ montrant l'ambiguïté du réseau.

Traces finies

(corrigé du sujet proposé pp. 23–31)

§1. Combinatoire

1.1. Par transitivité, il suffit de montrer les propriétés pour deux mots u, v tels que $(u, v) \in R$. C'est alors immédiat.

1.2. – Il est immédiat de montrer que la condition est nécessaire pour deux mots u, v tels que $(u, v) \in R$. A nouveau, par transitivité, la condition est nécessaire dans le cas général.

   – Montrons la condition suffisante par récurrence sur $|u|$. Notons que $|u|_a = |v|_a$ pour tout $a \in A$ car $(a, a) \in D$, de là $|u| = |v|$. Si $|u| = 0$, le résultat est trivial. Sinon, posons $u = cu'$, comme $|v|_c = |u|_c$, $v = wcw'$ avec $|w|_c = 0$. On a $(c, w) \in I$ sinon il existe $d \in \mathrm{alph}(w)$ tel que $(c, d) \in D$, mais alors $\Pi_{\{c,d\}}(u)$ commence par c alors que $\Pi_{\{c,d\}}(v)$ commence par d contrairement à l'hypothèse $\Pi_{\{c,d\}}(u) = \Pi_{\{c,d\}}(v)$. Il est alors facile de vérifier que $\prod_{\{a,b\}}(u') = \prod_{\{a,b\}}(ww')$ pour tout couple $(a, b) \in D$. En appliquant l'hypothèse de récurrence, on a $u' \sim_I ww'$ et donc $u = au' \sim_I aww' \sim_I waw' = v$ (en utilisant une fois encore $(a, w) \in I$).

1.3. Pour chaque mot, on calcule ses projections sur tout ensemble $\{a, b\}$ avec $(a, b) \in D$ ce qui se fait en temps linéaire. On compare ensuite les projections des deux mots ce qui est encore linéaire.

1.4. Immédiat en utilisant la question **1.2** et la simplifiabilité dans A^*.

1.5. La condition est clairement nécessaire. Réciproquement, soit a tel que $\Pi_{\{a,b\}}$ commence par a. Ainsi $u = u'au''$ avec $|u'|_a = 0$. Soit $b \in \mathrm{alph}(u')$, $(a, b) \in I$ sinon $\prod_{\{a,b\}}(u)$ commencerait par b.

1.6. Soit u un mot. Soit v un mot équivalent à u et a la première lettre de v. D'après les questions **1.2** et **1.5**, $a \in \min u$. Ainsi, $u = u'au''$ avec $(a, u') \in I$ et $v = av'$. De plus, en utilisant **1.4**, on a que v' et $u'u''$ sont équivalents. On en déduit alors facilement l'algorithme (récursif) recherché. Comme étape préliminaire, on calcule $\prod_{\{a,b\}}(u)$ pour tout $(a,b) \in D$. On crée ensuite une procédure récursive ayant comme argument d'appel $(\prod_{\{a,b\}}(u))_{(a,b)\in D}$ et qui :

- choisit une lettre minimale c en utilisant la caractérisation de **1.5**. On a alors $u = u'cu''$ avec $(c, u') \in I$.
- calcule les $\prod_{\{a,b\}}(u'u'')$ pour tout $(a, b) \in D$ (il suffit pour cela de supprimer la première occurrence de c dans toutes les projections $\prod_{\{a,b\}}(u)$ où elle apparaît)
- s'appelle avec comme nouvel argument $(\prod_{\{a,b\}}(u'u''))_{(a,b)\in D}$

Cette procédure s'arrête dès que son argument est constitué d'un uplet de mots vides.

Le pire des cas est celui où les lettres de A sont deux à deux indépendantes, la complexité est alors de l'ordre de $|A|^n$ où n est la longueur du mot.

§2. Formes normales

2.1. Montrons que $u = av$ est sous forme normale lexicographique ssi a est la plus petite des lettres de $\min u$ et v est sous forme normale lexicographique. La condition est clairement nécessaire. Réciproquement soit $u' = bu'' \sim_I u$ avec $b \in A$. D'après **1.1**, $u = vbv'$ avec $|v|_b = 0$, de plus d'après **1.2**, $(v, b) \in I$ ainsi $b \in \min u$ et de là $a \leqslant b$. Si $a < b$, on a $u < u'$. Si $a = b$, $v \sim_I u''$ d'après **1.4** et donc $v \leqslant u''$ puisque v est sous forme normale lexicographique ; ainsi $u = av \leqslant u' = au''$.

Soit u un mot. On calcule d'abord, en temps linéaire, $\prod_{\{a,b\}}(u)$ pour tout $(a, b) \in D$. On détermine ensuite la plus petite lettre de $\min u$ en utilisant 1.5 et on recommence en ne tenant plus compte de cette lettre.

2.2. Soit $A = \{a, b\}$ avec $a < b$ et $(a, b) \in I$. Le mot aab est sous forme normale lexicographique mais pas sous forme normale de Foata. Le mot équivalent aba est sous forme normale de Foata mais pas sous forme normale lexicographique.

2.3. Soit u un mot non vide. On montre l'existence d'un mot équivalent sous forme normale de Foata par récurrence sur $|u|$. Si $|u| = 1$, le résultat est trivial. Supposons maintenant $u = u'a$, par hypothèse de récurrence il existe un mot $v' = v_1 \ldots v_k$ sous forme normale de Foata et équivalent à u'. Si $(v_k, a) \notin I$, il est immédiat de vérifier que $v'a$ est sous forme normale de Foata. Sinon, soit $1 \leqslant i \leqslant k$ le plus petit entier tel que $(v_i \ldots v_k, a) \in I$. Soit v_i' le mot sous forme normale lexicographique équivalent à $v_i a$. Alors il est immédiat de vérifier que le mot $v_1 \ldots v_{i-1} v_i' v_{i+1} \ldots v_k$ est équivalent à u et sous forme normale de Foata.

L'unicité se démontre par contradiction. Soit $u = u_1 \ldots u_n$ sous forme normale de Foata un mot de longueur minimale parmi ceux ayant au moins un mot équivalent $v = v_1 \ldots v_k$ distinct sous forme normale de Foata. On a $u_1 \neq v_1$ (sinon, en utilisant **1.4**, on contredirait la minimalité de u). Comme u_1 et v_1 sont tous les deux sous forme normale lexicographique (condition (F3)), on en déduit que $\mathrm{alph}(u_1) \neq \mathrm{alph}(v_1)$. Par symétrie, on peut donc supposer qu'il existe une lettre $b \in \mathrm{alph}(v_1) \smallsetminus \mathrm{alph}(u_1)$. D'après **1.1**, $b \in \mathrm{alph}(u)$, d'où $u_2 \ldots u_n = zbz'$ avec $|z|_b = 0$. Mais alors d'après **1.2**, $(u_1 z, b) \in I$ ce qui contredit la condition (F4) !

2.4. Montrons que u est sous forme normale de Foata si, et seulement si, $u = vw$ avec v est le plus petit mot contenant exactement une occurrence de chaque lettre de $\min u$ et w est sous forme normale de Foata.

Si $u = u_1 \ldots u_n$ est sous forme normale de Foata, toutes les lettres de u_1 sont dans $\min u$ d'après la condition (F2) et ce sont les seules d'après la condition (F4). Ainsi la condition proposée est nécessaire (en posant $v = u_1$ et $w = u_2 \ldots u_n$).

Réciproquement soit $(w_2, \ldots, w_n)$ une décomposition de Foata de w. Alors $(v, w_2, \ldots, w_n)$ est une décomposition de Foata de u. En effet les conditions (F1) et (F3) sont satisfaites par construction. Soient $a, b \in \min u$ tels que a précède b dans u, alors $u = u'au''br$ avec $(u'au'', b) \in I$. Ainsi $(a, b) \in I$ et la condition (F2) est vérifiée. Enfin, soit a une lettre de w_2, comme a n'est pas minimale dans u, la condition (F4) est vérifiée.

On en déduit l'algorithme de calcul de la forme normale de Foata suivant. Soit u un mot. On calcule d'abord, en temps linéaire, $\Pi_{\{a,b\}}(u)$ pour tout $(a, b) \in D$. On détermine ensuite $\min u$ en utilisant **1.5** et on recommence en ne tenant plus compte de ces lettres.

§3. Reconnaissables

3.1. Il s'agit presque d'une « question de cours » !

    i) $\Longrightarrow$ ii) : si η reconnaît $T \subseteq \mathbb{M}(A, I)$, $\eta \circ \varphi$ reconnaît $\varphi^{-1}(T)$.

    ii) $\Longrightarrow$ iii) : soit $\eta : A^* \longrightarrow S$ reconnaissant $\varphi^{-1}(T)$: il existe $F \subseteq S$ tel que $\varphi^{-1}(T) = \eta^{-1}(F)$. Pour $u \in \mathbb{M}(A, I)$, posons $S_u = \{s \in S \mid \exists x \in A^*$ tel que $\varphi(x) = u, \eta(x)s \in F\}$. Il est alors facile de vérifier que $u^{-1}T = \bigcup_{s \in S_u} \varphi(\eta^{-1}(s))$. L'ensemble S étant fini, il existe un nombre fini de S_u et donc de $u^{-1}T$.

    iii) $\Longrightarrow$ i) : Soit $K = \{u^{-1}T \mid u \in \mathbb{M}(A, I)\}$. L'ensemble fini S des applications de K dans K muni de la loi de composition interne définie par $s \cdot s' = s' \circ s$ a une structure de monoïde. Soit $\eta : \mathbb{M}(A, I) \longrightarrow S$ défini par $\eta(v)(u^{-1}T) = v^{-1}(u^{-1}T) = (uv)^{-1}T$. Il est immédiat de vérifier que η est un morphisme et que $T = \eta^{-1}(\{f \in S \mid \varepsilon \in f(\varepsilon^{-1}T)\})$ est reconnu par η.

3.2. Soit $T \subseteq \mathbb{M}(A, I)$ un langage de traces reconnu par un morphisme η de $\mathbb{M}(A, I)$ dans un monoïde fini S. L'ensemble $S \times \mathcal{P}(A)$ peut être muni d'une structure de monoïde (produit) d'élément neutre $(1_S, \varnothing)$ en posant $(s, B)(s', B') = (ss', B \cup B')$. Le langage T est clairement reconnu par le morphisme alphabétique η' de $\mathbb{M}(A, I)$ dans $S \times \mathcal{P}(A)$ défini par $\eta'(t) = (\eta(t), \mathrm{alph}(t))$.

3.3. D'après la question précédente, on peut supposer que $T = \eta^{-1}(F)$ où η est un morphisme alphabétique de $\mathbb{M}(A, I)$ dans un monoïde fini S et $F \subseteq S$. Pour tout élément s de $\eta(\mathbb{M}(A, I))$, on peut définir sans ambiguïté $\mathrm{alph}(s)$. Posons alors $F' = \{s \in \eta(\mathbb{M}(A, I)) \mid \exists s' \in \eta(\mathbb{M}(A, I)), ss' \in F, \mathrm{alph}(s)$ connexe et $(\mathrm{alph}(s), \mathrm{alph}(s')) \in I\}$. Il est alors facile de vérifier que $c(T) = \eta^{-1}(F')$.

3.4. Soit $w \in A^*$. Montrons que $w \in \mathrm{FNL}$ si, et seulement si, pour toute factorisation $w = xbyaz$ avec $(a, b) \in I$ et $a < b$, on a $(y, a) \notin I$ (†). Si $w \in \mathrm{FNL}$, la condition (†) est nécessaire sinon $xabyz \sim xbyaz$ et $xabyz < xbyaz$. Réciproquement, soit w vérifiant la condition. Si $w \notin \mathrm{FNL}$, il existe $w' < w, w' \sim w$. Posons $w = ubv$, $w' = uav'$ avec $a < b$. Comme $w \sim w'$, on déduit de **1.2** que $(a, b) \in I$. De $|w|_a = |w'|_a$, il vient $w = ubv'av''$ avec $|v'|_a = 0$. En appliquant encore **1.2**, on obtient $(v', a) \in I$ et contrairement à l'hypothèse la condition (†) n'est pas vérifiée.

Cette caractérisation de FNL montre que

$$\text{FNL} = A^* \smallsetminus \bigcup_{(a,b)\in I, a<b} A^* b I(a)^* a A^*$$

où $I(a) = \{b \in A \mid (a,b) \in I\}$. En utilisant le fait que tout langage rationnel de mots est reconnaissable (théorème de Kleene) et que les langages reconnaissables sont clos par complémentaire, on en déduit que FNL est reconnaissable.

3.5. Supposons w non connexe. Alors $w = u_1 v_1 \ldots u_n v_n u_{n+1}$ avec $(u = u_1 \ldots u_n u_{n+1}, v = v_1 \ldots v_n) \in I$ et $u_i \neq 1, v_i \neq 1$ pour tout $1 \leqslant i \leqslant n$. Soit a_i (resp. b_i) la première lettre de $u_i = a_i u_i'$ (resp. $v_i = b_i v_i'$) pour $1 \leqslant i \leqslant n$. Comme $(u,v) \in I$ et $w \in \text{FNL}$, on a $a_1 < b_1 < a_2 \ldots$.

Ou bien $u_{n+1} = 1$ auquel cas w^2 n'est pas dans FNL puisque $w^2 = u_1 \ldots u_n b_n v_n' a_1 u_1' \ldots$ et $b_n v_n' a_1 \sim a_1 b_n v_n'$ et $b_n v_n' a_1 > a_1 b_n v_n'$.

Ou bien $u_{n+1} = a_{n+1} u_{n+1}'$ avec $a_{n+1} \in A$. Comme précédemment, on a alors $b_n < a_{n+1}$. Ainsi w^2 n'est pas dans FNL puisque $w^2 = u_1 \ldots a_{n+1} u_{n+1}' u_1 b_1 v_1' \ldots$ et $a_{n+1} u_{n+1}' u_1 b_1 \sim b_1 a_{n+1} u_{n+1}' u_1$ et $a_{n+1} u_{n+1}' u_1 b_1 > b_1 a_{n+1} u_{n+1}' u_1$.

3.6. Soit $T \in \text{Rec}(\mathbb{M}(A,I))$. D'après **3.1**, $\varphi^{-1}(T) \in \text{Rec}(A^*)$. Les langages reconnaissables sont clos par intersection et donc, en utilisant **3.4**, $L = \varphi^{-1}(T) \cap \text{FNL} \in \text{Rec}(A^*)$. De plus on a clairement $\varphi(L) = T$. D'après le théorème de Kleene, $L \in \text{Rat}(A^*)$. Par définition, L s'écrit donc à partir des langages finis en utilisant les opérations d'union, concaténation et itération. Par ailleurs, si K et K' sont deux langages de A^*, on a $\varphi(KL) = \varphi(K)\varphi(L)$, $\varphi(K \cup L) = \varphi(K) \cup \varphi(L)$ et $\varphi(K^*) = \varphi(K)^*$. Ainsi $T = \varphi(L)$ s'écrit aussi à partir de langages finis de traces en utilisant des opérations d'union, concaténation et itération. Il suffit donc de montrer que ces opérations d'itération sont en fait des opérations de c-itération. Supposons donc que $L = L_1 L_2^* L_3$. Tout mot de L_2 est alors connexe d'après **3.5** et donc $T = \varphi(L) = \varphi(L_1)\varphi(L_2)^*\varphi(L_3) = \varphi(L_1)\varphi(L_2)^{c-*}\varphi(L_3)$. Dans ce cas particulier, toute opération d'itération peut donc être remplacée par une opération de c-itération et le langage T est bien dans $c\text{-Rat}(\mathbb{M}(A,I))$.

§4. Rang

4.1. L'implication « ii) entraîne i) » est immédiate. Réciproquement montrons d'abord le résultat pour $n = 1$ par récurrence sur $|x|$.

Si $|x| = 0$, la propriété est vraie en posant $x_0 = x_1 = \varepsilon, y_0 = u_0, y_1 = u_1$. Sinon posons $x = ax'$ avec $a \in A$.

- Si $|u_0|_a = 0$, d'après **1.2**, $(a, u_0) \in I$ et $u_1 \sim au'_1$. Ainsi $ax'y \sim u_0au'_1 \sim au_0u'_1$ et par **1.4**, $x'y \sim u_0u'_1$. On peut alors appliquer l'hypothèse de récurrence : il existe x'_0, x'_1, y'_0, y'_1 telles que $x' \sim x'_0x'_1, y \sim y'_0y'_1, u_0 \sim x'_0y'_0, u'_1 \sim x'_1y'_1$ et $(y'_0, x'_1) \in I$. Posons $x_0 = x'_0$, $x_1 = ax'_1$, $y_0 = y'_0$ et $y_1 = y'_1$, comme $(a, u_0) \in I$, on a en particulier $(a, x'_0) \in I$ et $(a, y'_0) \in I$. Ainsi $x = ax' \sim ax'_0x'_1 \sim x'_0ax'_1 \sim x_0x_1$ et le résultat est obtenu dans ce cas.
- Si $|u_0|_a > 0$, $u_0 \sim au'_0$. On applique l'hypothèse de récurrence à $x'y \sim u'_0u_1$: il existe x'_0, x'_1, y'_0, y'_1 telles que $x' \sim x'_0x'_1, y \sim y'_0y'_1, u'_0 \sim x'_0y'_0, u_1 \sim x'_1y'_1$ et $(y'_0, x'_1) \in I$. La formule cherchée est obtenue en posant $u_0 = au'_0$.

Le résultat pour une valeur quelconque de n s'obtient par une récurrence facile.

4.2. Soient $x, y \in A^*$, $x \sim a^pb^q, y \sim a^rb^s$. Ainsi $\mathrm{rang}(x, y, a^*b^*) = 1$. Par contre, il est facile de vérifier que $\mathrm{rang}(a^n, b^n, (ab)^*) = n - 1$ et donc $\mathrm{rang}(L) = \omega$.

4.3. Soient $x, y \in A^*$ tels qu'il existe $x_1 \in L_1, x_2 \in L_2$ avec $xy \sim x_1x_2$. D'après la question **4.1**, il existe p, q, r, s avec $x \sim pq, y \sim rs$, $x_1 \sim pr, x_2 \sim qs$ et $(q, r) \in I$. Comme L_1 est clos, on a $pr \in L_1$ et de même $qs \in L_2$. Ainsi $pqrs \in L_1L_2$ et $\mathrm{rang}(x, y, L_1L_2) \leqslant 1$.

4.4. Soit $x, y \in A^*$ tels que xy soit équivalent à un mot de L^*. D'après **4.1** et en utilisant le fait que L est clos, il existe $x_1, \ldots, x_n, y_1, \ldots, y_n \in A^*$ tels que $x \sim x_1 \ldots x_n, y \sim y_1 \ldots y_n$, $x_iy_i \in L$ pour $1 \leqslant i \leqslant n$ et $(y_i, x_{i+1} \ldots x_n) \in I$ pour $1 \leqslant i < n$. Soit i tel que $x_i \neq 1$, $y_i \neq 1$. Comme x_iy_i est connexe, il existe $a_i \in \mathrm{alph}(x_i), b_i \in \mathrm{alph}(y_i)$ tel que $(a_i, b_i) \in D$. Comme $(b_i, x_{i+1} \ldots x_n) \in I$, les lettres b_i sont deux à deux distinctes. Ainsi il existe au plus $k \leqslant |A|$ indices i tels que $x_i \neq 1$ et $y_i \neq 1$. En regroupant les facteurs pour lesquels $x_i = 1$ ou $y_i = 1$ par blocs (chacun de ces blocs est dans L^*), on obtient $x \sim w_0x_1w_1 \ldots x_kw_k, y \sim z_0y_1z_1 \ldots y_kz_k$, $x_iy_i \in L$ pour $1 \leqslant i \leqslant k$, $w_i, z_i \in L^*$ pour $0 \leqslant i \leqslant k$, $(y_i, w_{i+1} \ldots x_kw_k) \in I$ pour $1 \leqslant i < k$ et $(z_i, x_{i+1}w_{i+1} \ldots x_kw_k) \in I$ pour $1 \leqslant i < k$. Comme $w_0z_0(x_1y_1) \ldots w_1z_1 \ldots (x_ky_k)w_kz_k \in L^*$, on obtient le résultat cherché.

4.5. Soit $k = \mathrm{rang}(L)$ et $T = \varphi(L)$. Soit η un morphisme (que l'on supposera alphabétique grâce à la question **3.2** appliquée à $\mathbb{M}(A^*, \varnothing)$) de A^* dans un monoïde fini S reconnaissant L. Pour tout $u \in \mathbb{M}(A, I)$, posons $R(u) = \{(s_0, \ldots, s_k) \mid \exists x_0, \ldots x_k \in A^*$ tels que $u = \varphi(x_0 \ldots x_k)$ et $s_i = \eta(x_i)$ pour tout $0 \leqslant i \leqslant k\}$.

Montrons que si u et u' sont deux traces telles que $R(u) = R(u')$ alors $u^{-1}T = u'^{-1}T$. Le nombre de $R(u)$ distincts étant majoré par $2^{|S|^{k+1}}$, on en déduira que T est reconnaissable grâce à **3.1**.

Soit $v \in u^{-1}T$ et $x, y \in A^*$ avec $u = \varphi(x), v = \varphi(y)$. Le mot xy est équivalent à un mot de L, ainsi comme $\text{rang}(L) = k$, il existe $x_0, y_0, \ldots, x_k, y_k \in A^*$ tels que $x \sim x_0 \ldots x_k, y \sim y_0 \ldots y_k$, $x_0 y_0 \ldots x_k y_k \in L$ et $(y_i, x_{i+1} \ldots x_n) \in I$ pour $0 \leqslant i < n$. On a donc $(\eta(x_0), \ldots, \eta(x_n)) \in R(u)$, comme $R(u) = R(u')$ il existe des mots $x'_0, \ldots, x'_k \in A^*$ tels que $u' = \varphi(x'_0 \ldots x'_k)$ et $\eta(x'_i) = \eta(x_i)$ pour tout $0 \leqslant i \leqslant k$. Le morphisme η étant alphabétique, on a en particulier $\text{alph}(x'_i) = \text{alph}(x_i)$ pour tout $0 \leqslant i \leqslant k$. Par ailleurs le morphisme η reconnaît L et comme $\eta(x_0 y_0 \ldots x_k y_k) = \eta(x'_0 y_0 \ldots x'_k y_k)$, on en déduit $x'_0 y_0 \ldots x'_k y_k \in L$. Finalement $(x'_0 \ldots x'_k)(y_0 \ldots y_k)$ est équivalent à un mot de L et donc $u'v \in T$. Ainsi $u^{-1}T \subseteq u'^{-1}T$ et par symétrie $u^{-1}T = u'^{-1}T$.

4.6. Considérons $A = \{a, b\}$ avec $(a, b) \in I$ et $L = (ab)^*(a^* \cup b^*)$. Alors $\varphi(L) = \mathbb{M}(A, I)$ est reconnaissable alors que le rang de L n'est pas fini (par exemple $\text{rang}(a^n, b^n, L) = n - 1$ pour tout n).

4.7. $\text{Rec}(\mathbb{M}(A, I))$ contient clairement l'ensemble vide et les langages $\{\varphi(a)\}$ pour $a \in A$. Si $u \in \mathbb{M}(A, I)$ et $T_1, T_2 \subseteq \mathbb{M}(A, I)$, on a $u^{-1}(T_1 \cup T_2) = u^{-1}T_1 \cup u^{-1}T_2$, de là $\text{Rec}(\mathbb{M}(A, I))$ est clos par union (en utilisant **3.1**. $\text{Rec}(\mathbb{M}(A, I))$ est clos par concaténation d'après **4.3** et **4.5**, et $\text{Rec}(\mathbb{M}(A, I))$ est clos par itération concurrente d'après **3.3**, **4.4** et **4.5**. Ainsi par définition de $c\text{-Rat}(\mathbb{M}(A, I))$, $c\text{-Rat}(\mathbb{M}(A, I)) \subseteq \text{Rec}(\mathbb{M}(A, I))$.

§5. Graphes de dépendances

5.1. Pour $a \in A$, soit f_a le graphe de dépendance constitué d'un seul sommet $(a, 0)$ et sans arête. Soit ψ le morphisme de A^* dans $\mathbb{F}(A, I)$ qui envoie toute lettre $a \in A$ sur f_a. Par définition de la concaténation dans $\mathbb{F}(A, I)$, il est clair que $f_a \cdot f_b = f_b \cdot f_a$ dès que $(a, b) \in I$. Ainsi ψ se factorise en un morphisme $\overline{\psi}$ de $\mathbb{M}(A, I)$ dans $\mathbb{F}(A, I)$. Soit $u \in A^*$ et $t = \varphi(u) \in \mathbb{M}(A, I)$, il est immédiat de vérifier que $\overline{\psi}(t) = ((|t|_a)_{a \in A}, E)$ avec $((a, i), (b, j)) \in E$ si, et seulement si, $(a, b) \in D$ et dans le mot $\Pi_{\{a, b\}}(u)$ (qui ne dépend que de t d'après la question **1.2**) la $i^{\text{ème}}$ occurrence de a est avant la $j^{\text{ème}}$ occurrence de b.

Montrons que $\overline{\psi}$ est une bijection. Soit $f = (V_f, E_f) \in \mathbb{F}(A, I)$ et soit $(a_1, i_1) \ldots (a_n, i_n)$ une énumération de V_f compatible avec E_f (*i.e.* telle que $((a_j, i_j), (a_k, i_k)) \in E_f$ entraîne $j < k$). Il est facile de vérifier que $\psi(a_1 \ldots a_n) = f$. Ainsi $\overline{\psi}$ est surjective. Soient $u, v \in \mathbb{M}(A, I)$ avec $\overline{\psi}(u) = \overline{\psi}(v) = ((n_a)_{a \in A}, E_f)$. Soit $(a, b) \in D$, posons $V_{a,b} = V_a(n_a) \cup V_b(n_b)$. Par définition d'un graphe de dépendance, les éléments de $V_{a,b}$ sont totalement ordonnés et définissent donc un mot $x \in \{a, b\}^*$. D'après la caractérisation de ψ donnée ci-dessus, on a $x = \prod_{\{a,b\}}(u)$. Ainsi $\prod_{\{a,b\}}(u) = \prod_{\{a,b\}}(v)$ et par la question **1.2**, $u = v$ et $\overline{\psi}$ est injective.

5.2. Tout ensemble admettant une borne supérieure est évidemment cohérent. Réciproquement soit $K \subseteq \mathbb{G}(A, I)$ cohérent. Définissons $V = \bigcup_{g \in K} V_g$ et $E = \bigcup_{g \in K} E_g$ et montrons que (V, E) est un graphe de dépendance et que c'est la borne supérieure de K.

(C1) : Supposons que $(a, i), (b, j) \in V$ avec $((a, i), (b, j)) \in E^+$ et $((b, j), (a, i)) \in E^+$. Il existe $f, g \in K$ tels que $(a, i) \in V_f$ et $(b, j) \in V_g$. Comme K est cohérent, il existe $h \in \mathbb{G}(A, I)$ tel que $f \leqslant h$ et $g \leqslant h$. Ainsi $(a, i), (b, j) \in V_h$ et il est facile de vérifier que $((a, i), (b, j)) \in E_h^+$ et $((b, j), (a, i)) \in E_h^+$ contrairement à l'hypothèse que h vérifie (C2).

(C2) : Si $((a, i), (b, j)) \in E$, il existe $g \in K$ tel que $((a, i), (b, j)) \in E_g$ et donc $(a, b) \in D$. Réciproquement soient $(a, i) \neq (b, j) \in V$ avec $(a, b) \in D$. Il existe $f, g \in K$ tels que $(a, i) \in V_f$ et $(b, j) \in V_g$. Comme K est cohérent, il existe $h \in \mathbb{G}(A, I)$ tel que $f \leqslant h$ et $g \leqslant h$. Ainsi $(a, i), (b, j) \in V_h$. Comme h est un graphe de dépendance, on a donc ou bien $((a, i), (b, j)) \in E_h$ ou bien $((b, j), (a, i)) \in E_h$. Par définition de la concaténation dans $\mathbb{G}(A, I)$ on en déduit ou bien $(a, i) \in V_g$ et $((a, i), (b, j)) \in E_g$ ou bien $(b, j) \in V_f$ et $((b, j), (a, i)) \in E_f$. Ainsi ou bien $((a, i), (b, j)) \in E$ ou bien $((b, j), (a, i)) \in E$.

(C3) : Soient $(a, i), (a, j) \in V$ avec $i < j$. Il existe $g \in K$ tel que $(a, j) \in V_g$. Mais alors $(a, i) \in V_g$ et $((a, i), (a, j)) \in E_g \subseteq E$. La réciproque est immédiate.

Il reste à montrer que $(V, E) = \sqcup K$. Soit $g \in K$, par construction de (V, E), on vérifie aisément que g est un préfixe de (V, E). Réciproquement soit $h \in \mathbb{G}(A, I)$ un majorant de K. On a clairement $V \subseteq V_h$ et $E \subseteq E_h$. Soit $((a, i), (b, j)) \in E_h$ avec $(b, j) \in V$.

Il existe $g \in K$ tel que $(b, j) \in V_g$. Comme $g \leqslant h$, on en déduit $(a, i) \in V_g \subseteq V$ et $((a, i), (b, j)) \in E_g \subseteq E$. De là (V, E) est un préfixe de h.

5.3. Soit $g \in \mathbb{G}(A, I)$. On dit que g est dominé par un ensemble $V \subseteq V_g$ de sommets si $V_g = \{(a, i) \in V_g \mid \exists (b, j) \in V$ tel que $((a, i), (b, j)) \in E_g^+\}$.

Montrons que $g \in G$ est premier si, et seulement si, il est dominé par un ensemble de sommets réduit à un singleton.

Soit $g \in \mathbb{G}(A, I)$ premier. Pour tout sommet (b, j) de V_g, soit $g_{(b,j)}$ le graphe de dépendance égal à la restriction de g aux sommets (a, i) tels que $((a, i), (b, j)) \in E_g$. Soit $K = \{g_{(b,j)} \mid (b, j) \in V_g\}$. L'ensemble K est clairement majoré par g et est donc cohérent. Il admet donc une borne supérieure égale, d'après la démonstration de la question **5.2**, à g. Comme g est premier, on en déduit qu'il existe $(b, j) \in V_g$ tel que $g = g_{(b,j)}$ d'où le résultat.

Réciproquement soit $g \in \mathbb{G}(A, I)$ dominé par un sommet $(a, i) \in V_g$. Soit $K \subseteq \mathbb{G}(A, I)$ tel que $h = \sqcup K$ existe et $g \leqslant h$. Alors g est la restriction de h à V_g. En particulier $(a, i) \in V_h$ et d'après la démonstration de la question **5.2** il existe $f \in K$ tel que $(a, i) \in V_f$. Mais alors $g \leqslant f$ et g est premier.

Enfin soit $g \in \mathbb{G}(A, I)$. D'après ce qui précède, les éléments premiers inférieurs ou égaux à g sont exactement les $g_{(b,j)}$ et $\sqcup \{g_{(b,j)} \mid (b, j) \in V_g\} = g$.

5.4. Montrons qu'un graphe de dépendance est compact si, et seulement si, il est dominé par un ensemble fini de sommets c'est à dire s'il est dans $\mathbb{F}(A, I)$. La preuve est similaire à celle de la question précédente dont on garde les notations.

Soit $g \in \mathbb{G}(A, I)$ compact. Pour tout ensemble de sommets $V \subseteq V_g$, soit g_V le graphe de dépendance égal à la réunion des $g_{(b,j)}$ pour $(b, j) \in V$. Soit $K = \{g_V \mid V \subseteq V_g, V \text{ fini}\}$. Si $V, V' \subseteq V_g$, on a $\sqcup \{g_V, g_{V'}\} = g_{V \cup V'}$ et K est donc dirigé et en particulier cohérent. Il admet donc une borne supérieure égale, d'après la démonstration de la question **5.2**, à g. Comme g est compact, on en déduit qu'il existe V fini dans V_g tel que $g = g_V$ d'où le résultat.

Réciproquement soit $g \in \mathbb{G}(A, I)$ dominé par un ensemble fini V de sommets. Soit $K \subseteq \mathbb{G}(A, I)$ dirigé tel que $h = \sqcup K$ existe et $g \leqslant h$. De manière analogue à la question précédente, on en déduit $V \subseteq V_h$ et d'après la démonstration de la question **5.2**, il existe $f \in K$ tel que $V \subseteq V_f$. Mais alors $g \leqslant f$ et g est premier.

Tout élément premier étant compact, on déduit de la question précédente que tout graphe de dépendance est la borne supérieure des éléments compacts qui lui inférieurs ou égaux.

5.5. Soit $g \in \mathbb{G}(A, I)$, d'après la question précédente l'ensemble $C(g)$ des éléments compacts inférieurs ou égaux à g est dénombrable. On peut donc énumérer les éléments de $C(g)$ en une suite $(g_n)_{n<\omega}$. On définit alors inductivement la suite croissante $(f_n)_{n<\omega}$ dans $C(g)$ de la manière suivante : $f_0 = g_0$ et si f_n est défini, on choisit f_{n+1} comme étant un majorant de f_n et g_n dans $C(g)$ (un tel majorant existe car l'ensemble $C(g)$ est cohérent d'après la caractérisation de **5.4**). On a alors clairement $g = \sqcup\{f_n \mid n < \omega\} = \sqcup\{g_n \mid n < \omega\}$.

§6. Équations

6.1. Le sens « seulement si » résulte de la question **4.1**.

Soit K un ensemble fini de générateurs de M. Posons $A = (K \setminus \{1_M\}) \setminus (K \setminus \{1_M\})^2$ l'ensemble des éléments de K ne s'écrivant pas comme produit de deux éléments $(\neq 1_M)$ de M. Il est facile de montrer par récurrence sur la longueur que tout élément de K, et donc de M, peut s'écrire comme produit d'un nombre fini d'éléments de A : A engendre M. Soit I_A la relation d'indépendance sur A définie par $(x, y) \in I_A$ si $xy = yx$ dans M.

Soit ψ la surjection canonique de A^* dans M associant à un mot de A^* le produit dans M de ses éléments. Par définition de I_A, il est immédiat de vérifier que deux mots $\sim_{I_A}$-équivalents de A^* ont la même longueur et la même image par ψ. Ainsi ψ induit un homomorphisme surjectif $\overline{\psi}$ de $\mathbb{M}(A, I_A)$ dans M.

Montrons que $\overline{\psi}$ est injectif par récurrence sur la longueur. Soient $u, v \in \mathbb{M}(A, I_A)$ tels que $\overline{\psi}(u) = \overline{\psi}(v)$ et tels que pour tout facteur propre $(i.e. \neq 1_M, u)$ w de u, $\overline{\psi}^{-1}(\overline{\psi}(w))$ se réduit à w. Si $u \in A \cup \{1_M\}$, alors $v = u$ puisque par définition, un élément de A ne peut s'écrire comme produit de deux éléments. Si $u \notin A \cup \{1_M\}$, $u = xy$, $v = zt$ avec $x, z \in A$, $y \neq 1_M$, $t \neq 1_M$. On a dans M, $\overline{\psi}(x)\overline{\psi}(y) = \overline{\psi}(z)\overline{\psi}(t)$, ainsi par hypothèse sur M et en utilisant la surjectivité de $\overline{\psi}$, il existe des traces $p, q, r, s \in \mathbb{M}(A, I_A)$ telles que $\overline{\psi}(x) = \overline{\psi}(p)\overline{\psi}(q)$, $\overline{\psi}(y) = \overline{\psi}(r)\overline{\psi}(s)$, $\overline{\psi}(z) = \overline{\psi}(p)\overline{\psi}(r)$, $\overline{\psi}(t) = \overline{\psi}(q)\overline{\psi}(s)$ et $\overline{\psi}(q)\overline{\psi}(r) = \overline{\psi}(r)\overline{\psi}(q)$. Comme x, y, z, t sont des facteurs propres de u, on peut appliquer l'hypothèse de récurrence et on en déduit $x = pq, y = rs, z = pr$ et $t = qs$.

- Si $p \neq 1_M$ ou $s \neq 1_M$, $\overline{\psi}(qr)$ est un facteur propre de u. Par hypothèse de récurrence $\overline{\psi}(q)\overline{\psi}(r) = \overline{\psi}(r)\overline{\psi}(q)$ implique alors $qr = rq$ dans $\mathbb{M}(A, I_A)$. Ainsi $u = pqrs = prqs = v$.

- Si $p = s = 1_M$, $q = x \in A$ et $r = y \in A$. Alors $qr = rq$ dans M et les traces $u = qr$ et $v = rq$ sont égales dans $\mathbb{M}(A, I_A)$.

6.2. a) Deux éléments transposés $u = xy$ et $v = yx$ d'un monoïde quelconque sont toujours conjugués puisque $ux = xv$. Soient u, v, w dans un monoïde libre tels que $uw = wv$. Montrons par récurrence sur $|w|$ que u et v sont transposés. Le cas $|w| = 0$, est trivial. Si $|w| = |u|$, u et v sont égaux à w (et donc transposés). Si $|w| < |u|$, $u = wu'$ et $v = u'w$ d'où le résultat. Si $|w| > |u|$, $w = uw' = w'v$ et on applique l'hypothèse de récurrence à u, v, w'.

b) Soit $A = \{a, b, c\}$ avec $(a, b) \in D, (b, c) \in D$ et $(a, c) \in I$. Les traces abc et cba ne sont clairement pas transposées. Elles sont pourtant conjuguées puisque $(abc)(aba) = (aba)(cba)$.

c) Soit $\mathbb{M}(A, I)$ un monoïde de traces et soit $Tr*$ la clôture transitive de la relation de transposition dans $\mathbb{M}(A, I)$. Soient $u, v, w \in \mathbb{M}(A, I)$ tels que $uw = wv$. Montrons par récurrence sur $|w|$ que $(u, v) \in Tr*$. Si $|w| = 0$, $u = v$ et le résultat est immédiat. Sinon, d'après la question **4.1**, il existe p, q, r, s telles que $u = pq, w = rs, w = pr, v = qs$ et $(q, r) \in I$. Si $|r| = |w|$, on a $u = v = q$ et $(u, v) \in Tr*$. Si $|r| < |w|$, on peut appliquer l'hypothèse de récurrence à (qp, qs, r) (en effet, comme $(q, r) \in I$ et $w = rs = pr$, on a $qpr = qrs = rqs$). Ainsi $(qp, qs) \in Tr*$. Comme $(pq, qp) \in Tr*$, on en déduit par transitivité que $(u, v) \in Tr*$.

6.3. Par l'absurde. Parmi toutes les solutions (u, v) non-cycliques et vérifiant i) ou ii) d'équations $e = f$ choisissons en une telle que $|uv|$ soit minimale. Par symétrie et simplifiabilité, on peut supposer que $e = xe'$, $f = yf'$ et que $|u| \leqslant |v|$. En appliquant la question **4.1** à $u\theta(e') = v\theta(f')$, on obtient $u = pq$, $v = ps$ pour des traces p, q, s avec $(q, s) \in I$. Si $I = \varnothing$, on a $q = 1$ car $|u| \leqslant |v|$ et donc $v = us$. Sinon ii) est vérifié, et $|u| \leqslant |v|$ entraine $|u|_a \leqslant |v|_a$ pour toute lettre a. Ainsi $|q|_a \leqslant |s|_a$ pour $a \in \text{alph}(q)$ et $(q, s) \in I$ n'est possible que si $q = 1$.

Nous avons dans tous les cas $v = us$. Si $s = 1$ ou $u = 1$, (u, v) est cyclique contrairement à l'hypothèse. Sinon, remplaçons l'inconnue y par xz. On obtient ainsi une nouvelle équation $g = h$ en les inconnues x, z. Par construction, (u, s) est une solution de $g = h$ et $|us| < |uv|$. Si $I = \varnothing$, (u, s) est une solution cyclique par minimalité de $|uv|$. Sinon, soient α, β tels que $\alpha|u|_a = \beta|v|_a$ pour tout $a \in A$. Comme $|u| \leqslant |v|$ et $s \neq 1$, on a $\alpha > \beta$ et donc $(\alpha - \beta)|u|_a = \beta|s|_a$ pour tout $a \in A$. Par minimalité de $|uv|$, on en déduit que (u, s) est une solution cyclique. Ainsi dans tous les cas $(u, v = us)$ est une solution cyclique contrairement à l'hypothèse.

6.4. Supposons $(u', v') \notin I$. Soient $a \in \mathrm{alph}(u')$, $b \in \mathrm{alph}(v')$ avec $(a, b) \in D$. D'après **1.2**,

$$\left(\prod_{\{a,b\}} (u), \prod_{\{a,b\}} (v) \right) = \left(\prod_{\{a,b\}} (u'), \prod_{\{a,b\}} (v') \right)$$

est une solution de $e = f$ dans $(\mathbb{M}\{a, b\}, \varnothing)$. D'après **6.3**.i), on en déduit que $(\prod_{\{a,b\}}(u'), \prod_{\{a,b\}}(v'))$ est une solution cyclique et donc que $\{a, b\} \subseteq \mathrm{alph}(u') \cap \mathrm{alph}(v')$. Ainsi, $\mathrm{alph}(u') = \mathrm{alph}(v')$.

6.5. D'après la question précédente, il suffit de considérer le cas où u, v sont de même alphabet connexe. Soient $a, b \in \mathrm{alph}(u)$, $(a, b) \in D$, d'après **6.3**.i), $(\prod_{\{a,b\}}(u), \prod_{\{a,b\}}(v))$ est une solution cyclique de $e = f$ dans $(\mathbb{M}\{a, b\}, \varnothing)$. Ainsi il existe $\alpha, \beta > 0$ tels que $\alpha|u|_a = \beta|v|_a$ et $\alpha|u|_b = \beta|v|_b$. L'alphabet $\mathrm{alph}(u)$ est connexe donc pour toutes lettres $c, d \in \mathrm{alph}(u)$, il existe une suite de lettres dans $\mathrm{alph}(u)$, $a_0 = c, a_1, \ldots, a_k = d$ telle que $(a_i, a_{i+1}) \in D$ pour tout $0 \leqslant i < k$. En appliquant à (a_i, a_{i+1}) le raisonnement fait ci-dessus sur (a, b), on montre qu'il existe $\alpha, \beta > 0$ tels que $\alpha|u|_c = \beta|v|_c$ et $\alpha|u|_d = \beta|v|_d$. Par conséquent on peut appliquer **6.3**.ii) et la solution (u, v) est cyclique.

Recherche de motifs

(corrigé du sujet proposé pp. 33–42)

§1. Algorithmes de recherche

1.1. On entre dans la boucle principale de la fonction de la figure 2 au maximum $n - m + 1$ fois. La boucle interne fait varier i de 1 à m, donc il y a au maximum $m(n - m + 1)$ comparaisons de caractères. Ce nombre est atteint lorsque chacune des comparaisons $x_1 \cdots x_m = t_k \cdots t_{k+m-1}$ échoue sur la dernière lettre, soit par exemple pour le motif $x = a^{m-1}b$ et le texte $t = a^n$.

1.2. Soit $p = \frac{1}{|A|}$ la probabilité d'apparition d'une lettre à une position donnée. Lors d'une comparaison $x_1 \cdots x_m = t_k \cdots t_{k+m-1}$, on fait exactement $j + 1$ comparaisons lorsque

$$x_1 \cdots x_j = t_k \cdots t_{k+j-1} \text{ et } x_{j+1} \neq t_{k+j} \text{ pour } j + 1 < m$$

$$x_1 \cdots x_j = t_k \cdots t_{k+j-1} \text{ pour } j + 1 = m$$

Or la probabilité pour que l'on ait $x_i = t_\ell$ est exactement p. Donc la probabilité de faire exactement $j + 1$ comparaisons est $p^j(1 - p)$ pour $j < m - 1$ et p^{m-1} pour $j = m - 1$. On fait donc en moyenne $\sum_{j=0}^{m-2}(j + 1)p^j(1 - p) + mp^{m-1}$ comparaisons. En ordonnant cette somme suivant les puissances de p, on trouve donc comme nombre moyen de comparaisons

$$\sum_{j=0}^{m-2}(j + 1)p^j(1 - p) + mp^{m-1} = \sum_{j=0}^{m-1} p^j = \frac{1 - p^m}{1 - p}$$

Ce nombre est plus petit que $\frac{1}{1-p}$, et comme par hypothèse $|A| \geqslant 2$, on a $\frac{1}{1-p} \leqslant 2$. Lors d'un test $x_1 \cdots x_m = t_k \cdots t_{k+m-1}$, on fait donc moins de 2 comparaisons en moyenne. Comme on fait ce test moins de n fois, le nombre moyen de comparaisons est majoré par $2n$.

1.3. C'est immédiat : si le décalage d est inutile, on a $x_1 \cdots x_{i_e(d)-d-1} \neq t_{k+d} \cdots t_{k+i_e(d)-2}$. On ne peut donc pas avoir d'occurrence de x en position $k + d$.

1.4. Soit d un décalage utile en position de comparaison k. D'après la définition de $i_e(k)$ on sait que $x_1 \cdots x_{i_e(k)-1} = t_k \cdots t_{k+i_e(k)-2}$. En particulier, en privant ces deux mots de leurs d premiers caractères

$$x_{1+d} \cdots x_{i_e(k)-1} = t_{k+d} \cdots t_{k+i_e(k)-2}$$

Mais comme le décalage d est utile, on a aussi par définition

$$x_1 \cdots x_{i_e(k)-d-1} = t_{k+d} \cdots t_{k+i_e(k)-2} \tag{1}$$

On a donc $x_{1+d} \cdots x_{i_e(k)-1} = x_1 \cdots x_{i_e(k)-d-1}$, donc $p_{i_e(k)-d-1}$ est nécessairement un bord de $p_{i_e(k)-1}$.

Plus le décalage utile est petit, plus le bord $p_{i_e(k)-d-1}$ de $p_{i_e(k)-1}$ est grand. Lorsque le décalage utile est minimum, c'est à dire lorsque $d = d_u(k)$, $p_{i_e(k)-d_u(k)-1}$ est le plus long bord de $p_{i_e(k)-1}$:

$$p_{i_e(k)-d_u(k)-1} = \mathrm{Bord}(p_{i_e(k)-1}) \tag{2}$$

1.5. Le décalage est utile, on a donc l'égalité (1). La comparaison peut donc reprendre à l'indice $j(d) = i_e(k) - d$.

1.6. De (2), on déduit qu'en cas d'échec à l'indice $i = i_e(k)$, le décalage d à effectuer est tel que $i - d - 1 = f_x(i-1)$, d'où $d = i - 1 - f_x(i-1)$. L'indice $j(d) = i_e(k) - d$ vaut donc $j(d) = f_x(i-1)+1$. Si i vaut 1, on doit juste décaler le motif d'une position et reprendre à $i+1$, $k+1$. On obtient alors l'algorithme de la figure 1. Si après l'instruction `i := i-d` l'indice i est nul, on doit le repositionner à 1 et k doit avoir été incrémenté. Or si i est nul à la ligne 15, c'est que d calculé ligne 12 vaut 1, donc k a été correctement incrémenté ligne 13.

1.7. Un test négatif ne fait pas décroître la quantité $i + k$ (lignes 11, 12, 13). Un test positif incrémente $i + k$ de 1. Or $i + k \leqslant (m+1) + (n - m + 1) = n + 2$ et la valeur initiale de $i + k$ est 2. Il y a donc au plus n tests positifs. D'autre part, un test négatif augmente k, qui vaut initialement 1, et un test positif le change pas k. Il y a donc au plus $n - m$ tests négatifs. Donc en tout, il y a au plus $n + (n - m)$ tests, soit $2n - m$.

Cette borne est atteinte pour $x = a^{m-1}b$ et $t = a^n$. En effet, l'algorithme

```
1     fonction recherche (x, t, m, n)
      {k := 1 ;
      i := 1 ;
      tantque (k <= n-m+1) faire
5       tantque [(i <= m) et (x[i] = t[k+i-1])] faire
          i := i+1 ;
        FinFaire
        si (i = m+1) alors
          retourner k ;
10      FinSi
        d := i-1-(f_x(i-1)) ;
        k := k+d ;
        i := i-d ;
        Si (i = 0) alors
15        i := i+1
        FinSi
      FinFaire
      retourner -1 ;}
```

FIG. 1 – La fonction de recherche de motif dans un texte améliorée

- effectue m comparaisons en position de comparaison 1 et échoue sur la dernière lettre,
- décale le motif d'une position et effectue deux comparaisons (une pour x_{m-1} et une pour x_m), et ce, jusqu'à la fin de t c'est à dire $n - m$ fois.

On a donc en tout $m + 2(n - m) = 2n - m$ comparaisons de lettres.

1.8. On voit facilement que ce nombre est m, atteint par exemple pour $x = a^m$ et $t = a^{m-1}ba^m$ sur la lettre b de t.

1.9. a) On constate que si y est un bord non vide de z et si x est un bord de y, alors x est un bord de z. Donc un mot de l'ensemble $\mathcal{B}(u)$ est un bord de u.

Réciproquement, on montre par récurrence sur $|u|$ que si v est un bord de u, alors v est dans $\mathcal{B}(u)$. Pour $|u| = 1$, c'est évident. Supposons le résultat vrai pour $|u| < \ell$ et soit u de longueur ℓ. Soit v un bord de u. Si v est de longueur maximale, alors $v = \mathrm{Bord}(u)$. Sinon, $|v| < |\mathrm{Bord}(u)|$, et comme v et $\mathrm{Bord}(u)$ sont des préfixes (resp. des suffixes) de u, v est aussi un bord de $\mathrm{Bord}(u)$. Mais $|\mathrm{Bord}(u)| < \ell$, et on conclut par récurrence.

b) Soit v un bord de ua. Si $v \neq \varepsilon$, v est nécessairement de la forme wa, puisque v est suffixe de ua. Comme v est aussi préfixe de ua, w doit être un bord de u. D'après la question précédente, w est dans $\mathcal{B}(u)$. Donc $v \in \mathcal{B}(u, a)$ et $\mathcal{B}(ua) \smallsetminus \{\varepsilon\} \subseteq \mathcal{B}(u, a)$. Inversement, tout mot de $\mathcal{B}(u, a)$ est un suffixe de ua. Donc $v \in$

$\mathcal{B}(u, a)$ est un bord de ua si, et seulement si, v est un préfixe de ua, et donc un préfixe de u (puisque $|v| < |ua|$). Bord(ua) est donc bien le plus long préfixe de u qui est dans l'ensemble $\mathcal{B}(u, a)$.

c) Si Bord(u)a est préfixe de u, alors Bord(ua) = Bord(u)a d'après la question précédente. Sinon posons $v = $ Bord(u). On a $\mathcal{B}(v, a) = \mathcal{B}(u, a) \backslash \{va\}$. Puisque Bord($ua$) $\neq va$, Bord(ua) et Bord(va) sont dans l'ensemble $\mathcal{B}(v, a)$, et Bord(va) est même le plus long préfixe de u qui est dans cet ensemble. Il reste à montrer que Bord(ua) est aussi le plus long préfixe de u dans $\mathcal{B}(v, a)$. Mais toujours d'après la question précédente, Bord(ua) est le plus long préfixe de u dans l'ensemble $\mathcal{B}(u, a)$, et $\mathcal{B}(v, a) = \mathcal{B}(u, a) \backslash \{va\}$, ce qui permet de conclure.

d) On rappelle qu'on note p_j le préfixe de longueur j de x. On pose

$$E = \left\{ \ell \geqslant 1 \mid \text{Bord}^{\ell}(p_{j-1})x_j \text{ est préfixe de } x \right\}.$$

On montre par récurrence sur j que

$$\text{Bord}(p_j) = \begin{cases} \text{Bord}^k(p_{j-1})x_j & \text{où } k = \min E \\ \varepsilon & \text{si un tel } \ell \text{ n'existe pas} \end{cases} \qquad (3)$$

Pour $j = 1$, Bord(p_0) n'est pas défini, donc l'ensemble E est vide. Comme on a Bord(p_1) $= \varepsilon$, le résultat est vrai. Pour $j > 1$, on applique le calcul de la question précédente avec $u = p_{j-1} \neq \varepsilon$ et en prenant comme lettre $a = x_j$.

$$\begin{aligned}
\text{Bord}(p_j) &= \text{Bord}(p_{j-1}x_j) \\
&= \begin{cases} \text{Bord}(p_{j-1})x_j & \text{si Bord}(p_{j-1})x_j \\ & \qquad \text{est préfixe de } p_j \\ \text{Bord}\,(\text{Bord}(p_{j-1})x_j) & \text{sinon} \end{cases}
\end{aligned}$$

Or Bord(p_{j-1})x_i est préfixe de p_{j-1} si, et seulement si, il est préfixe de x. La récurrence est alors immédiate.

On a $f_x(j) = |\text{Bord}(p_j)|$. Le résultat demandé se déduit de (3) par passage aux longueurs, et du fait que Bord$^k(p_{j-1})x_j$ est préfixe de x si, et seulement si, $x_j = x_{f_x^k(j-1)+1}$.

e) La traduction de la question précédente en un algorithme est immédiate : On note l'analogie avec la fonction de recherche.

```
1    procedure calcul_bords (x, m)
     {(f_x)[0] := -1 ;
     pour j := 1 a m faire
       l := (f_x)[j-1]+1 ;
5      tantque [(l > 0) et (x[j] != x[l])] faire
         l := (f_x)[l-1]+1 ;
       FinFaire
       (f_x)[j] := l ;
     FinFaire}
```

FIG. 2 – Une procédure de calcul des bords d'un mot x

La preuve du fait que l'algorithme obtenu est linéaire est similaire : la variable l prend la valeur 0 dans la première itération
de la boucle **pour ... faire ... FinFaire**. Puis, elle ne peut
être incrémentée dans les itérations 2 à m de la boucle **pour**
que par l'instruction l :=(f_x)[j-1]+1. Mais j-1 a la valeur
qu'avait j dans l'itération précédente de la boucle. D'après la
dernière instruction de la boucle (ligne 8) effectuée dans l'itération précédente, l'instruction l :=(f_x)[j-1]+1 incrémente
l exactement d'une unité. Donc la variable l est incrémentée
$m - 1$ fois d'une unité. D'autre part, la variable l décroît uniquement lors de l'instruction l :=(f_x)[l-1]+1, et elle décroît
strictement. Or, l reste toujours positif ou nul, donc l'instruction
l :=(f_x)[l-1]+1 ne peut pas être réalisée plus de $m - 1$ fois.
Donc il y a au plus $m - 1$ tests x[j] != x[l] qui s'évaluent en
vrai. D'autre part, un test x[j] != x[l] qui s'évalue en faux fait
sortir de la boucle **tantque** et passer à l'itération suivante de la
boucle **pour**, donc provoque l'incrémentation de j. Ceci ne peut
se produire que $m - 2$ fois (lorsque j vaut 1, c'est la condition
l>0 qui fait sortir de la boucle **tantque**). Il y a donc au plus
$(m - 1) + (m - 2) = 2m - 3$ comparaisons de caractères. Ce
nombre est d'ailleurs atteint pour le mot $x = a^{m-1}b$.

1.10. L'algorithme consiste à rassembler les deux phases décrites en questions **1.7** et **1.9**. La phase de calcul des bords du motif se fait en
temps $O(m)$, et la phase de recherche du motif dans le texte en
temps $O(n)$. Le tout se fait donc en temps $O(n + m)$.

§2. Applications

2.1. Il suffit d'adapter l'algorithme de la section I en cherchant le motif $x = x_1 x_2 \cdots x_m$ dans le texte $x_2 \cdots x_m$, et de retenir la position de comparaison où i prend sa valeur maximale. La différence avec la fonction **recherche** écrite plus haut est que l'on laisse varier k jusqu'à m au lieu de $m-m+1$, mais ceci ne change pas la complexité $O(m)$.

2.2. Si $x \neq \varepsilon$ n'est pas primitif, il est de la forme y^n avec $n \geqslant 2$. Donc $xx = y^{2n}$ et on constate que x apparaît dans xx en position $|y|+1$. Or $1 < |y| + 1 < |x| + 1$. Réciproquement, si x apparaît dans xx à une position k avec $1 < k < |x| + 1$, on peut écrire $x = uv = vu$ avec $u, v \in A^* \backslash \{\varepsilon\}$, comme le montre la figure 3.

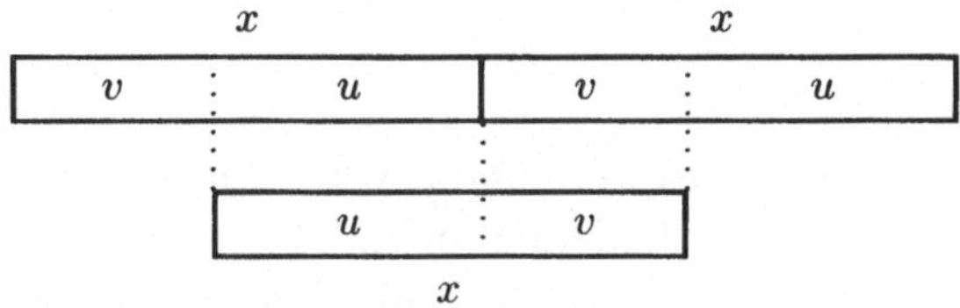

FIG. 3 – Occurrence non triviale de x dans xx

On montre maintenant par récurrence sur $|uv|$ que si $u, v \neq \varepsilon$ et $uv = vu$, alors $\{u, v\} = \{z^k, z^\ell\}$ pour un mot z. Ceci terminera la preuve, car alors $x = z^{k+\ell}$ avec $k + \ell \geqslant 2$. Si $|u| = |v|$, alors $u = v$ et le résultat est évident. Sinon, on peut par exemple supposer que $|u| > |v|$. De $uv = vu$, on déduit l'existence de $w \in A^* \backslash \{\varepsilon\}$ tel que $u = vw = wv$. Mais $|vw| < |uv|$. Par hypothèse de récurrence, il existe donc un z tel que $w = z^r$ et $v = z^s$. On en déduit que $u = z^{r+s}$, ce qui termine la démonstration.

On en déduit immédiatement qu'on peut déterminer en temps $O(|x|)$ si x est primitif. En effet, ceci revient à chercher une occurrence de x dans xx en position $k \neq 1, |x|+1$, et ceci se fait en temps linéaire par une adaptation triviale de l'algorithme de recherche.

2.3. On vérifie aisément que x et y de même longueur sont conjugués si, et seulement si, x est facteur de y^2. On peut donc résoudre ce problème en temps $O(n + 2n) = O(n)$ d'après I.

2.4. Le plus long préfixe de x qui est un palindrome est $\mathrm{Bord}(x\$\tilde{x})$, où $\$$ est une nouvelle lettre. À nouveau d'après **1.9**, on peut calculer ce mot en temps $O(|x|)$.

2.5. a) Si x admet un préfixe yy qui est un carré, alors $|\mathrm{Bord}(yy)| \geqslant |y|$ et on a le résultat voulu avec $j = 2|y|$. Réciproquement, supposons qu'il existe $j \geqslant 2$ tel que $f_x(j) \geqslant j/2$. On a alors la situation suivante : Sur cette figure, le plus long bord de p_j est noté u. Par

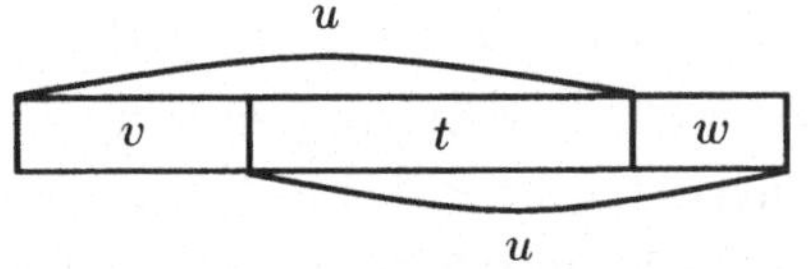

FIG. 4 – Le préfixe p_j lorsque $f_x(j) \geqslant j/2$

hypothèse, $|u| \geqslant |p_j|/2$, donc il y a « chevauchement ». Ceci permet de mettre en évidence les mots v, t, w de la figure, v (resp. w) étant le préfixe (resp. le suffixe) de p_j de longueur $|p_j| - |u|$. On note que comme u est le bord de p_j, $|u| < |p_j|$ donc v et w sont non vides.

Si $t = \varepsilon$, alors u^2 est préfixe de x. De manière plus génerale, si $|v| = |w| \geqslant |t|$, l'égalité $vt = tw$ implique que t est préfixe de v et suffixe de w. Donc $v = tv'$ et $w = w't$. L'égalité $vt = tw$ donne $tv't = tw't$, soit $v' = w'$, et le mot $tv'tv' = vv$ est un carré qui est préfixe de x.

Si au contraire $|v| = |w| \leqslant |t|$, l'égalité $vt = tw$ implique que t admet v comme préfixe, donc vv est à nouveau un carré qui est préfixe de x.

b) Soit s_i le suffixe de longueur i de x. Pour i fixé, on sait qu'on peut calculer toutes les valeurs $f_{s_i}(j)$, $0 \leqslant j \leqslant i$ en temps $O(i)$. Mais $i \leqslant n$, on peut donc calculer toutes ces valeurs (i et j variant) en temps $O(|x|^2)$. D'après la question précédente, il suffit de parcourir l'ensemble des valeurs obtenues et de tester si $f_{s_i}(j) \geqslant j/2$ pour un certain $j \geqslant 2$ pour répondre à la question. Le problème est donc décidable en temps $O(|x|^2)$.

§3. Une distance d'édition

3.1. La fonction d est bien définie sur $A^* \times A^*$ et est positive. Le fait que $d(y, z) = 0$ si, et seulement si, $y = z$ provient de la définition de d. La symétrie provient de la symétrie de l'insertion par rapport à la suppression. Enfin, l'inégalité triangulaire vient du fait que s'il existe une suite pour passer de y à t de longueur $k + 1$ et une suite pour passer de t à z de longueur $\ell + 1$, on obtient une suite pour passer de y à z de longueur $k + \ell + 1$ en concaténant ces deux suites (sans répéter le terme « central » t, bien sûr).

3.2. a) La composée de fonction partielles croissantes est une fonction partielle croissante ; d'autre part, si $(h \circ g)(i)$ est définie, on a $u_i = v_{g(i)} = w_{h(g(i))}$ parce que g et h sont des correspondances. Donc $h \circ g$ est bien une correspondance entre u et w.

Pour une fonction partielle f, on note $r(f)$ son rang, *i.e.* le nombre d'éléments sur lesquels f est définie. Si f est une correspondance entre deux mots y et z, on a $c(f) = |y| - r(f) + |z| - r(f) = |y| + |z| - 2r(f)$. Donc $c(g \circ h) \leqslant c(h) + c(g)$ équivaut à $|u| + |w| - 2r(g \circ h) \leqslant |u| + |v| - 2r(g) + |v| + |w| - 2r(h)$, soit $r(g) + r(h) - r(g \circ h) \leqslant |v|$. Mais ceci est vrai car $r(g) \leqslant |v|$, $r(h) \leqslant |v|$ et $r(g \circ h) \geqslant 0$.

b) Soit f une correspondance entre y et z. Comme f est strictement croissante, on obtient le même mot par suppression de y de toutes les lettres indicées par $I(f)$ et par suppression de z de toutes les lettres indicées par $J(f)$. Donc $d(y, z) \leqslant |I(f)| + |J(f)| = c(f)$. Réciproquement, soit $w_0 = z, w_1, \ldots, w_k = t$ une suite de longueur minimale telle que w_{i+1} est obtenu à partir de w_i par suppression ou insertion. On associe à chaque couple (w_i, w_{i+1}) une correspondance f_i de façon canonique. Si $w_i = sat$ et $w_{i+1} = st$, on pose $f_i(\ell) = \ell$ pour $\ell \leqslant |s|$, f_i n'est pas définie en $|s| + 1$, et $f_i(\ell) = \ell - 1$ pour $s + 2 \leqslant \ell \leqslant |w_i|$. Si au contraire $w_i = st$ et $w_{i+1} = sat$, on pose $f_i(\ell) = \ell$ pour $\ell \leqslant |s|$ et $f_i(\ell) = \ell + 1$ pour $s + 1 \leqslant \ell \leqslant |w_i|$. Dans ce dernier cas, la correspondance est représentée en figure 5. Clairement, f_i est une correspondance de coût 1. D'après la question précédente, la correspondance $f = f_{k-1} \circ \cdots \circ f_1 \circ f_0$ entre les mots w_0 et w_k a donc un coût $c(f) \leqslant k = d(y, z)$.

3.3. a) Montrons que $d(ya, zb) \leqslant d(y, zb) + 1$. Si on a une suite de $k + 1$ mots pour passer de y à zb, alors on a une suite de $k + 2$ mots

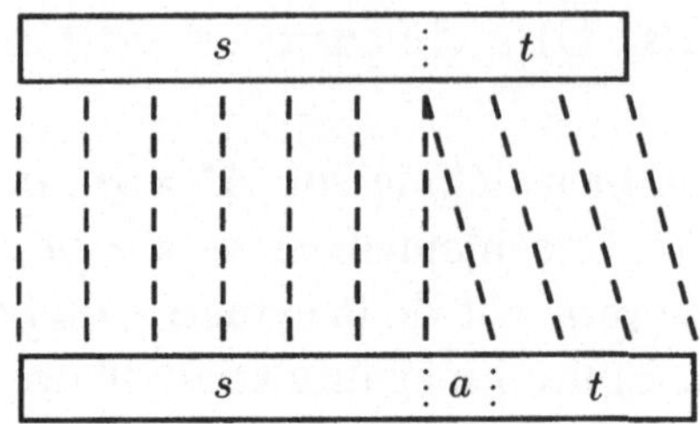

FIG. 5 – Correspondance entre st et sat

pour passer de ya à zb : il suffit de commencer par supprimer la dernière lettre de ya. On montre de manière symétrique que $d(ya, zb) \leqslant d(ya, z) + 1$. Enfin, $d(ya, zb) \leqslant d(y, z) + 2\delta(a \neq b)$ se montre en utilisant éventuellement une suppression (de a) et une insertion (de b) si $a \neq b$. On a donc $d(ya, zb) \leqslant \min[d(y, zb) + 1, \ d(ya, z) + 1, \ d(y, z) + 2\delta(a \neq b)]$.

Inversement, $d(ya, zb)$ est le coût minimal d'une correspondance f entre ya et zb. On note $\alpha = |y| + 1$ et $\beta = |z| + 1$. Soit $f_{y,z}$ la correspondance de y à z dont le graphe est obtenu à partir de celui de f en enlevant les couples de la forme (α, j) et (i, β), $1 \leqslant i \leqslant \alpha$, $1 \leqslant j \leqslant \beta$. On a alors les possibilités suivantes :

– α a une image et β a un antécédent. Comme f est croissante, on a $f(\alpha) = \beta$. Comme f est une correspondance, on a $y_\alpha = z_\beta$ soit $a = b$. Or $c(f_{y,z}) = c(f)$. D'après la question précédente, $d(y, z) \leqslant c(f_{y,z})$. On a donc $d(y, z) \leqslant d(ya, zb)$, soit $d(y, z) + 2\delta(a \neq b) \leqslant d(ya, zb)$.

– α n'a pas d'image et β n'a pas d'antécédent. Dans ce cas, $c(f_{y,z}) = c(f) - 2$, donc $d(y, z) \leqslant c(f) - 2 = d(ya, zb) - 2$, d'où encore $d(y, z) + 2\delta(a \neq b) \leqslant d(ya, zb)$.

– α n'a pas d'image et β a un antécédent i. Dans ce cas, la restriction de f à $\{1, \ldots, |y|\}$ est une correspondance $f_{y,zb}$ entre y et zb, et $c(f_{y,zb}) = c(f) - 1$. On a donc $d(y, zb) \leqslant c(f_{y,zb}) = c(f) - 1 = d(ya, zb) - 1$, soit $d(y, zb) + 1 \leqslant d(ya, zb)$.

– β n'a pas d'antécédent et $f(\alpha) = j$. Symétrique du précédent, ce cas donne $d(ya, z) + 1 \leqslant d(ya, zb)$.

On a bien finalement $d(ya, zb) = \min[d(y, zb) + 1, \ d(ya, z) + 1, \ d(y, z) + 2\delta(a \neq b)]$.

b) On reprend l'écriture de y et z de la question **3.2**. Pour tout mot x, on a $d(\varepsilon, x) = d(x, \varepsilon) = |x|$, donc $d(y_1 \cdots y_i, \varepsilon) = i$ et $d(\varepsilon, z_1 \cdots z_j) = j$. D'après **3.3**, $d(y_1 \cdots y_i, z_1 \cdots z_j)$ se calcule en fonction de $d(y_1 \cdots y_{i-1}, z_1 \cdots z_j)$, $d(y_1 \cdots y_i, z_1 \cdots z_{j-1})$ et $d(y_1 \cdots y_{i-1}, z_1 \cdots z_{j-1})$ en temps constant. Or on a $d(y, z) = d(y_1 \cdots y_p, z_1 \cdots z_q)$.

Un algorithme naturel fonctionnant en temps $O(|y||z|)$ utilise un tableau à deux dimensions, les entrées allant de $(0, 0)$ à $(|y|, |z|)$. Il calcule à l'entrée (i, j) la valeur de $d(y_1 \cdots y_i, z_1 \cdots z_j)$, et a besoin pour cela uniquement des entrées $(i, j - 1)$, $(i - 1, j)$ et $(i - 1, j - 1)$. Il peut donc

- initialiser les entrées $(0, j)$ à la valeur j et les entrées $(i, 0)$ à la valeur i.
- pour i allant de 1 à $|y|$, calculer la ligne i en faisant varier j de 1 à $|z|$.

En procédant dans cet ordre, on connaît toujours les entrées en $(i, j - 1)$, $(i - 1, j)$ et $(i - 1, j - 1)$ quand on calcule l'entrée en (i, j).

Cet algorithme utilise un tableau de $(|y| + 1)(|z| + 1)$ cases. Il est facile de voir qu'on peut le modifier de manière à ce qu'il ne se contente que de deux lignes de ce tableau : la dernière ligne complètement calculée et la ligne en cours de calcul. Ainsi, il peut se contenter de $O(|z|)$ emplacements en mémoire. Le problème étant symétrique en y et z, on peut en fait écrire un algorithme qui travaille avec $O(\min(|y|, |z|))$ emplacements temporaires.

3.4. Il suffit de remarquer que la longueur du plus long sous-mot commun à y et z est le rang d'une correspondance de coût minimal entre y et z, et vaut donc $\frac{1}{2}(|y| + |z| - d(y, z))$. On se ramène ainsi à la question précédente. On peut d'ailleurs adapter l'algorithme pour qu'il fournisse l'un des plus longs sous-mots communs à y et z toujours en temps $O(|y||z|)$.

§4. Plus long facteur commun, plus long sous-mot commun

4.1. Un algorithme polynômial simple est basé sur le fait que la recherche de motif dans un texte est linéaire. On pose $E = \{u, u_1, \ldots, u_s\}$, où u est choisi arbitrairement (par exemple de longueur minimale). Pour chaque facteur x de longueur k de u, on recherche x dans chaque mot de $E \backslash \{u\}$, recherche qui se fait en temps $O(|x| + |u_1| + \cdots + |u_s|)$ (la phase de calcul des bords de x n'est à faire qu'une seule fois). Comme il y a moins de $|u|$ facteurs de longueur k dans u, on obtient un algorithme qui travaille en temps $O(|u||E|)$, où $|E|$ est la somme des longueurs des mots de E.

4.2. Un algorithme NP permettant de résoudre PLSMC consiste à deviner un sous mot w de longueur k et à vérifier que w est sous-mot de chaque $u \in E$. La vérification du fait que w est sous-mot de u se fait en temps polynômial. Il suffit par exemple que u soit accepté par l'automate suivant : On peut calculer cet automate en temps

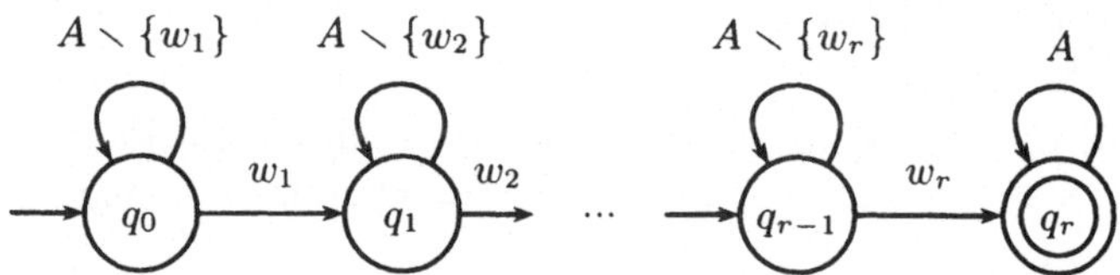

FIG. 6 – Reconnaissance des mots admettant $w = w_1 \cdots w_r$ comme sous-mot

$O(|w|)$ et le représenter en espace $O(|w|)$, indépendemment de $|A|$. L'information portée par les deux transitions partant de chaque état non final est en effet redondante. Par exemple, on peut ajouter pour chaque lettre w_i de w une nouvelle lettre $\overline{w}_i$, et chaque transition étiquetée $A \backslash \{w_i\}$ (donc habituellement par $|A| - 1$ transitions) peut être représentée symboliquement par une transition étiquetée $\overline{w}_i$. Lors de la lecture d'un mot u dans l'automate, une transition se fait alors simplement en comparant la lettre courante de u avec la lettre de w sortant de l'état courant.

4.3. Supposons que $\mathcal{G}$ a une couverture de sommets de taille ℓ. Il existe donc un sous-ensemble $\mathcal{S}' \subseteq \mathcal{S}$ de sommets tel que $|\mathcal{S}'| = \ell$, et pour chaque arête $\{u, v\}$ de $\mathcal{A}$ on a $u \in \mathcal{S}'$ ou $v \in \mathcal{S}'$. Notons $B = \mathcal{S} \backslash \mathcal{S}'$, et considérons le mot $\tilde{u}$ obtenu à partir de u par suppression (au sens défini dans la partie 3) des lettres de $\mathcal{S}'$. On a $\tilde{u} \in B^*$ et $|\tilde{u}| = k$. Il est clair que $\tilde{u}$ est un sous-mot de u. Soit maintenant u_r un mot de E. L'arête $a_r = \{s_i, s_j\}$ a au moins l'un de ses sommets dans $\mathcal{S}'$. Or si $s_i \in \mathcal{S}'$, alors $\tilde{u}$ est sous-mot de $s_1 \cdots s_{i-1}s_{i+1} \cdots s_p$, et si $s_j \in \mathcal{S}'$, alors $\tilde{u}$ est sous-mot de $s_1 \cdots s_{j-1}s_{j+1} \cdots s_p$. Donc $\tilde{u}$ est sous-mot de u_r. Finalement, tous les mots de E admettent $\tilde{u}$ comme sous-mot de longueur k.

Réciproquement, soit $\tilde{u}$ un sous-mot de longueur k commun à tous les mots de E. En particulier, $\tilde{u}$ est sous-mot de u, donc $\tilde{u}$ est de la forme $s_{i_1} \cdots s_{i_m}$ avec $i_1 < \cdots < i_m$. Notons $\mathcal{S}'$ l'ensemble des sommets qui n'apparaissent pas dans l'écriture de $\tilde{u}$. On a $|\mathcal{S}'| = |u| - |\tilde{u}| = |\mathcal{S}| - k = \ell$. Montrons que toute arête de $\mathcal{G}$ admet un sommet dans $\mathcal{S}'$. Soit $a_r = \{s_i, s_j\} \in \mathcal{A}$, et supposons par l'absurde que ni s_i ni s_j n'est dans $\mathcal{S}'$. Alors $s_i s_j$ est un sous-mot de $\tilde{u}$, mais comme $\tilde{u}$ est un sous-mot de u_r par hypothèse, $s_i s_j$ est un sous-mot de u_r. Or c'est clairement faux. Donc $\mathcal{S}'$ est bien un ensemble de ℓ sommets couvrant $\mathcal{G}$.

4.4. Pour construire tous les mots u_i, il suffit de parcourir une fois le graphe, puisqu'à chaque arête correspond un mot u_i. Un tel parcours se fait en temps polynômial. De plus, la taille (en nombre de lettres) de l'ensemble de mots construit est inférieure à $2|\mathcal{S}|(|\mathcal{A}|+1)$ et ces mots peuvent être facilement construits en temps $O(|\mathcal{S}||\mathcal{A}|)$. Il est donc clair que la fonction qui à l'instance $(\ell, \mathcal{G})$ de CS associe l'instance (A, E, k) de PLSMC se calcule en temps polynômial. D'après la question précédente, c'est une réduction de CS à PLSMC.

4.5. D'après **4.4**, il y a une réduction polynômiale de CS, qui est NP-complet, à PLSMC. On en déduit que PLSMC est NP-dur. D'autre part, le problème PLSMC est dans la classe NP d'après **4.2**. Donc PLSMC est NP-complet.

Bisimulation

(corrigé du sujet proposé pp. 43–51)

§1. Bisimulation

1.1. a) Soient $R \subseteq X \times Y$ une bisimulation entre $T \subseteq X \times A \times X$ et $T' \subseteq Y \times A \times Y$, et $x \in X$ et $y \in Y$ deux éléments tels que xRy. Soit

$$u = (u_i)_{0 \leqslant i < \alpha} \in \mathcal{L}(x, T) \quad (\alpha \in \mathbb{N} \cup \{\omega\}).$$

Il existe donc une suite $(x_i \xrightarrow{u_i} x_{i+1})_{0 \leqslant i < \alpha}$ de transitions de T avec $x_0 = x$. Puisque R est une simulation de T par T', on en déduit par récurrence sur i une suite $(y_i \xrightarrow{u_i} y_{i+1})_{0 \leqslant i < \alpha}$ de transitions de T' avec $y_0 = y$ et $x_i R y_i$ pour tout i, et donc $u \in \mathcal{L}(y, T')$. Du fait que R^{-1} est une simulation de T' par T on en déduit de façon symétrique $\mathcal{L}(y, T') \subseteq \mathcal{L}(x, T)$ et donc $\mathcal{L}(y, T') = \mathcal{L}(x, T)$. Supposons maintenant $(u, a) \in \mathcal{L}^e(x, T)$, c'est à dire

$$\exists x' \in X \text{ t.q. } x \xrightarrow{u} x' \wedge (\forall x'' \in X : \neg(x' \xrightarrow{a} x'')).$$

Par le même raisonnement que précédemment on déduit $y' \in Y$ tel que $x'Ry'$ et $y \xrightarrow{u} y'$, supposons $\exists y'' \in Y : y' \xrightarrow{a} y''$ puisque R^{-1} est une simulation de T' par T on devrait trouver un $x'' \in X$ tel que $x''Ry''$ et $x' \xrightarrow{a} x''$ d'où la contradiction. Ainsi $\mathcal{L}^e(x, T) \subseteq \mathcal{L}^e(y, T)$ et donc $\mathcal{L}^e(x, T) = \mathcal{L}^e(y, T)$ par symétrie.

b) Considérons les systèmes de transitions T et T' de la figure 1. On a $\mathcal{L}(x, T) = \mathcal{L}(y, T') = \{\varepsilon, a, ab, abc, abd\}$ et $\mathcal{L}^e(x, T) = \mathcal{L}^e(y, T') = \{(u, e) | u \in \mathcal{L}(x, T) \wedge e \in \max(e)\}$ où $\max(\varepsilon) = \{a\}$, $\max(a) = \{b\}$ et $\max(ab) = \varnothing = \max(abc) = \max(abd)$. Néanmoins il n'existe pas de bisimulation R entre T et T' pour laquelle xRy, car sinon on aurait soit $x_{11} R y_1$, soit $x_{12} R y_1$; le premier cas n'est pas possible car $(b, c) \in \mathcal{L}^e(y_1, T') \smallsetminus \mathcal{L}^e(x_{11}, T)$, et le second n'est pas possible car $(b, d) \in \mathcal{L}^e(y_1, T') \smallsetminus \mathcal{L}^e(x_{12}, T)$.

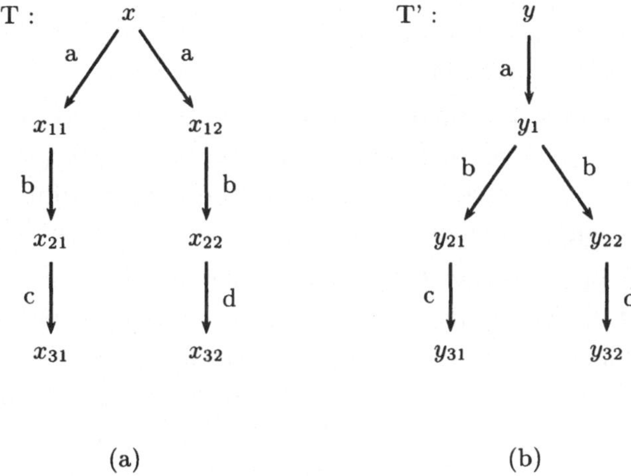

(a)   (b)

FIG. 1 – Deux éléments non bisimilaires et ayant même langage et même ensemble d'échecs

1.2. Notons $T_k \subseteq X_k \times A \times X_k$ pour $k \in \{$ a, b, c, d, e, f, g$\}$ les systèmes de transitions de la figure 2 ; et x_k^i désignera l'élément de X_k ayant l'étiquette i dans cette figure.

a) La relation $R \subseteq X_a \times X_f$, définie par $x_a^k R x_f^l$ si, et seulement si, ($k = 1$ et $l \in \{10, 20, 30, ...\}$) ou ($k = 2$ et $l \in \{11, 21, 31, ...\}$) ou ($k = 3$ et $l \in \{12, 22, 32, ...\}$), est une bisimulation entre T_a et T_f.

b) La relation $R \subseteq X_b \times X_d$ ci dessous est une bisimulation entre T_b et T_d.

$$R = \{(x_b^1, x_d^1), (x_b^2, x_d^2), (x_b^2, x_d^3), (x_b^3, x_d^4), (x_b^3, x_d^5)\}$$

c) La relation $R \subseteq X_c \times X_e$ ci dessous est une bisimulation entre T_c et T_e.

$$R = \{(x_c^1, x_e^1), (x_c^2, x_e^2), (x_c^2, x_e^3), (x_c^3, x_e^4), (x_c^3, x_e^5)\}$$

d) Il n'existe aucune bisimulation entre T_g et T_k pour $k \in \{$ a, b, c, d, e, f, $\}$. En effet supposons que $R \subseteq X_k \times X_g$ soit une telle bisimulation ; on peut trouver une suite $(x_n)_{n \in \mathbb{N}}$ d' éléments de X_k telle que pour tout entier n on ait $x_n \overset{a}{\to} x_{n+1}$ en utilisant la bisimulation on construit par récurrence une suite infinie

$(x'_n)_{n \in \mathbb{N}}$ d' éléments de X_g telle que pour tout entier n on ait $x'_n \xrightarrow{a} x'_{n+1}$. Or dans T_g il n'existe aucun élément à partir duquel on peut exécuter une suite infinie de transitions étiquetées a d'où la contradiction.

e) Pour toutes les autres paires de systèmes de transitions on ne peut pas trouver de bisimulation entre eux. Puisque la composée de deux bisimulation est une bisimulation il suffit de le vérifier par exemple pour les paires $\{T_a, T_b\}$, $\{T_a, T_c\}$ et $\{T_b, T_c\}$

<ol type="i">
<li>Supposons que $R \subseteq X_a \times X_b$ soit une bisimulation entre T_a et T_b. Nécessairement $x_a^2 R x_b^2$ car ce sont les seuls éléments de X_a et X_b respectivement autorisant une transition étiquetée par la lettre b. Mais x_b^2 autorise a dans T_b tandis que x_a^2 ne l'autorise pas dans T_a d'où la contradiction.</li>

<li>Par le même argument il n'existe pas de bisimulation entre T_a et T_c.</li>

<li>Supposons que $R \subseteq X_b \times X_c$ soit une bisimulation entre T_b et T_c. Dans la mesure où la seule action autorisée en x_b^1 est a, on a nécessairement $x_b^1 R x_c^1$ mais puisque $x_c^1 \xrightarrow{a} x_c^1$ et que $x_b^1 \xrightarrow{a} x_b^2$ est la seule transition de T_b étiquetée a et d'origine x_b^1 on en déduit $x_b^2 R x_c^1$ mais l'action b est autorisée en x_b^2 mais pas en x_c^1, d'où la contradiction.</li>
</ol>

1.3. Considérons les deux systèmes de transitions de la figure 3. L'application $f\colon X \to Y$ donnée par $f(x_i) = y_i$ pour $i \in \{0, 1, 2\}$ et $f(x_3) = y_1$ est une simulation de T par T' ; de même l'application $g\colon Y \to X$ donnée par $g(y_i) = x_i$ pour $i \in \{0, 1, 2\}$ est une simulation de T' par T. Par contre il n'existe pas de bisimulation entre T et T', en effet si $R \subseteq X \times Y$ est une telle bisimulation alors nécessairement $x_0 R y_0$ car a est autorisé en x_0 et y_0 est le seul élément de Y dans lequel a soit autorisé. On en déduit donc également que $x_1 R y_1$ et $x_3 R y_1$ et on obtient une contradiction du fait que b est autorisée en y_1 mais pas en x_3.

1.4. $f\colon X \to Y$ est une réduction de $T \subseteq X \times A \times X$ sur $T' \subseteq Y \times A \times Y$ si, et seulement si,

- $G_f \subseteq X \times Y$ est une simulation de T par T', *i.e.* $x \xrightarrow{a} x'$ dans T entraîne $f(x) \xrightarrow{a} f(x')$ dans T' (la première condition est automatiquement vérifiée car G_f est une relation fonctionnelle)
- G_f^{-1} est une simulation de T' par T, *i.e.* f est surjective, et $f(x) \xrightarrow{a} y'$ dans T' entraîne l'existence d'un x dans X pour le-

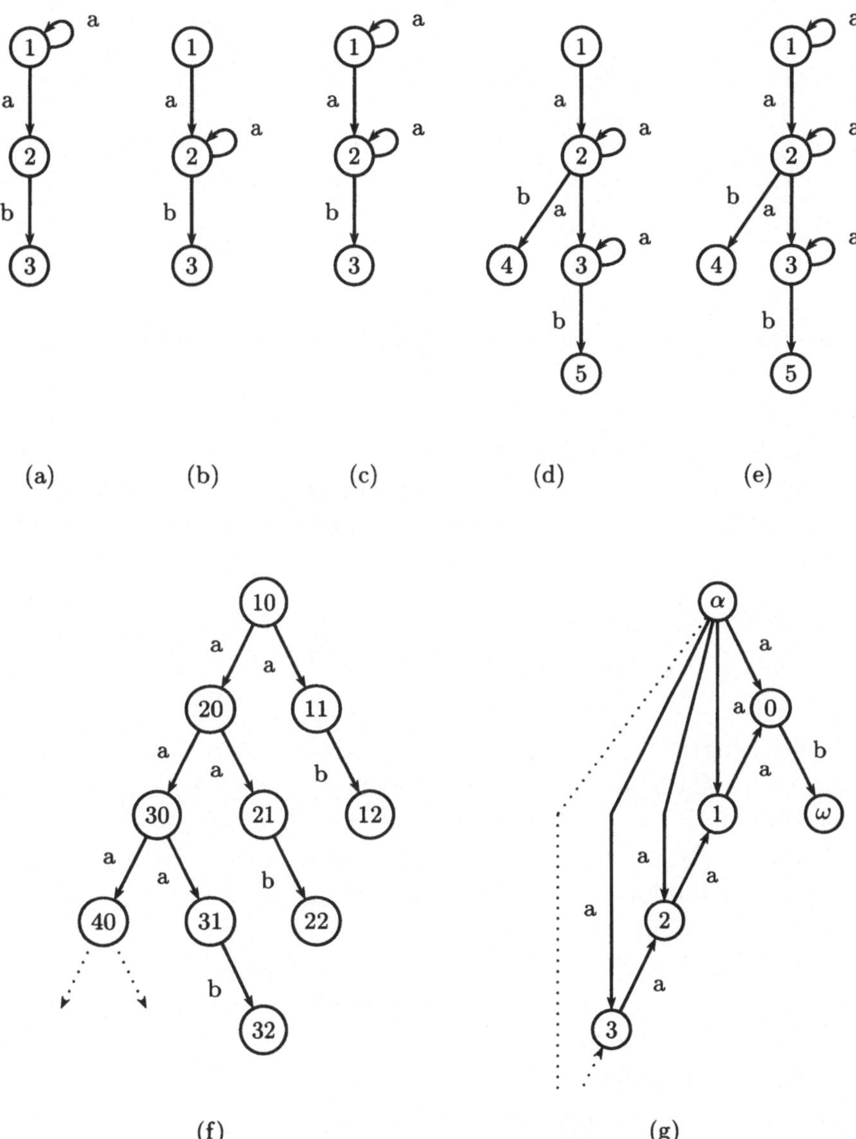

FIG. 2 – Quelques systèmes de transitions

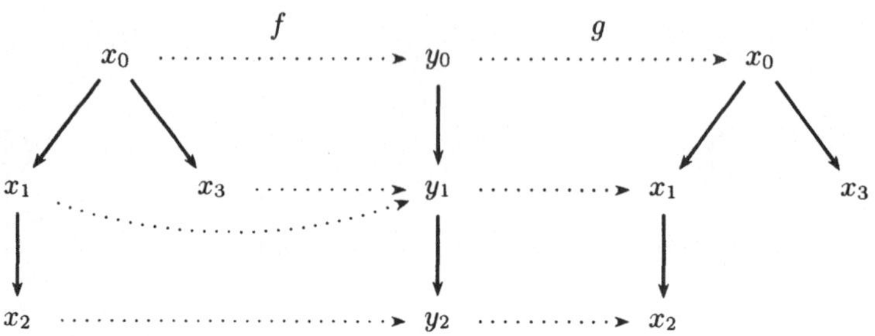

FIG. 3 – Deux systèmes de transitions non bisimilaires mais qui se simulent mutuellement

quel $x \xrightarrow{a} x'$ dans T et $f(x') = y'$. Donc si f est une réduction injective, il s'agit d'une bijection telle que $x \xrightarrow{a} x'$ si, et seulement si, $f(x) \xrightarrow{a} f(x')$, c'est à dire qu'il s'agit d'un isomorphisme entre T et T'.

§2. Propriétés algébriques de la bisimulation

2.1. Toute congruence $R \subseteq X \times X$ de $T \subseteq X \times A \times X$ passe au quotient : on peut définir un système de transition $T/R \subseteq X/R \times A \times X/R$ en posant $[x] \xrightarrow{a} [x']$ dans T/R si, et seulement si, $x \xrightarrow{a} x'$ dans T. Soit $T' \subseteq X/R \times A \times X/R$, la projection canonique $\pi_R \colon X \to X/R$ est une réduction de T sur T' si, et seulement si,
- $x \xrightarrow{a} x' \Rightarrow [a] \xrightarrow{a} [x']$ dans T'
- $[x] \xrightarrow{a} y$ dans $T' \Rightarrow \exists x' \in X : x \xrightarrow{a} x'$ et $y = [x']$ *i.e.* $T' = T/R$. C'est dire que la structure quotient est l'unique structure de système de transitions sur l'ensemble quotient qui fasse de la projection canonique une réduction.

2.2. Soient $f \colon X \to Y$ et $g \colon X \to Z$ des réductions de $T \subseteq X \times A \times X$ sur $T' \subseteq Y \times A \times Y$ et $T'' \subseteq Z \times A \times Z$ respectivement. Puisque f est surjective $(G_f^{-1} G_f = id_Y)$ il existe une unique relation $H \subseteq Y \times Z$ telle que $G_g = G_f H$ à savoir $H = G_f^{-1} G_g$ *i.e.* yHz si, et seulement si, $\exists x \in X : y = f(x) \wedge g(x) = z$, et donc H est (le graphe d') une application $h \colon Y \to Z$ si, et seulement si, $\mathrm{Ker}(f) \subseteq \mathrm{Ker}(g)$. Donc une telle application lorsqu'elle existe est unique (par surjectivité de f) et c'est une réduction car son graphe est une bisimulation en tant que composée de deux bisimulations.

2.3. Soit $T \subseteq X \times A \times X$ un système de transitions. L'union R des auto-bisimulations de T (bisimulations entre T et T) est une autobisimulation, de plus il s'agit d'une relation d'équivalence car la relation identité, l'inverse d'une autobisimulation et la composée de deux autobisimulations sont des autobisimulations. Soit $\overline{T} = T/R$ la structure quotient. Montrons que la projection canonique est une réduction maximale $\pi \colon T \to \overline{T}$ de T. Soit, par conséquent $f \colon T \to T'$ une autre réduction de T où $T' \subseteq X' \times A \times X'$. Le noyau de cette application $\mathrm{Ker}(f) = G_f G_f^{-1}$ est une congruence de T. f est surjective et $\mathrm{Ker}(f) \subseteq R$, il existe donc une (unique) application $g \colon X' \to X/R$ telle que $\pi = g \circ f$. D'après la question **2.2**, g est la réduction voulue.

2.4. Soient $T \subseteq X \times A \times X$ et $T' \subseteq Y \times A \times Y$ deux systèmes de transitions et $R \subseteq X \times Y$ une relation, et $T \wedge_R T' \subseteq R \times A \times R$ donnée par la structure produit : $(x, y) \xrightarrow{a} (x', y')$ si, et seulement si, xRy, $x'Ry'$, $x \xrightarrow{a} x'$ dans T et $y \xrightarrow{a} y'$ dans T'. Si les projections $\pi_1 \colon R \to X$ et $\pi_2 \colon R \to Y$ sont des réductions de $T \wedge_R T'$ dans T et T' respectivement, alors $R = G_{\pi_1}^{-1} G_{\pi_2}$ est une bisimulation entre T et T' comme composée de deux bisimulations. Réciproquement, si R est une bisimulation, montrons que π_1 (et donc π_2 par symétrie) est une réduction. D'une part les deux projections d'une bisimulation sont des surjections ; par ailleurs, si $(x, y) \xrightarrow{a} (x', y')$ alors, par définition de $T \wedge_R T'$, $x \xrightarrow{a} x'$; enfin, si $(x, y) \xrightarrow{a} Z$ dans $T \wedge_R T'$, cela signifie que $Z = (x', y')$ avec $x \xrightarrow{a} x'$ dans T et $y \xrightarrow{a} y'$ dans T' et $x'Ry'$.

2.5. Soit $\equiv$ une congruence de $T + T'$, alors $R \subseteq X \times Y$ donnée par xRy si, et seulement si, $(x, 0) \equiv (y, 1)$ est une bisimulation entre T et T'. En effet, les deux projections de R sont surjectives car chaque classe de $\equiv$ contient au moins un élément de X et un élément de Y ; par ailleurs, si xRy et $x \xrightarrow{a} x'$, i.e. $(x, 0) \equiv (y, 1)$ et $(x, 0) \xrightarrow{a} (x', 0)$, on déduit du fait que $\equiv$ est une bisimulation que $(y, 1) \xrightarrow{a} (y', 1)$ i.e. $y \xrightarrow{a} y'$ dans T' pour un certain y tel que $(x', 0) \equiv (y', 1)$ i.e. xRy, donc R est une simulation de T sur T', R^{-1} est par symétrie une simulation de T' par T. Réciproquement, soit R une bisimulation entre T et T' et soit $\equiv$ la relation d'équivalence engendrée par R sur $X + Y$, c'est à dire $\equiv = (R + R^{-1})^*$. Si on appelle distance entre z et z' tels que $z \equiv z'$ le plus petit entier n pour lequel $z(R + R^{-1})^n z'$

on vérifie par récurrence sur la distance entre z et z' que $\equiv$ vérifie la propriété de transfert : $(z \equiv z'$ et $z \overset{a}{\to} \hat{z}) \Rightarrow (\exists \hat{z}'$ t.q. $z' \overset{a}{\to} \hat{z}'$ et $\hat{z} \equiv \hat{z}')$. De cette propriété de transfert et du fait que $\equiv$ est une relation d'équivalence on déduit qu'il s'agit d'une congruence de $T + T'$; de plus puisque les projections de R sont surjectives, on déduit que chaque classe de $\equiv$ contient au moins un élément de X et un élément de Y.

2.6. Soit $R \subseteq X \times Y$ une bisimulation entre $T \subseteq X \times A \times X$ et $T' \subseteq Y \times A \times Y$ et $\equiv$ la relation d'équivalence engendrée par R sur $X + Y$, c'est à dire $\equiv = (R + R^{-1})^*$. Nous avons vu qu'il s'agit d'une congruence de $T + T'$, posons $T \vee_R T' = (T + T')/ \equiv$ le système de transition quotient. Posons $j_1 = \pi \circ in_1$ et $j_2 = \pi \circ in_2$ les compositions respectives de la projection canonique $\pi \colon X + Y \to (X + Y)/ \equiv$ avec les injections $X \overset{in_1}{\to} X + Y \overset{in_2}{\leftarrow} Y$, *i.e.* $j_1(x) = [(x, 0)]$ et $j_2(y) = [(y, 1)]$. Puisque chaque classe de $\equiv$ contient au moins un élément de X et un élément de Y, ces applications sont surjectives, de plus $x \overset{a}{\to} x'$ dans $T \Rightarrow (x, 0) \overset{a}{\to} (x', 0)$ dans $T + T'$, qui est équivalent au fait que $[(x, 0) \overset{a}{\to} [(x', 0)]$ appartient à $T \vee_R T'$, et inversement si $[(x, 0) \overset{a}{\to} z$ dans $T \vee_R T'$ alors z est la classe d'un élément de $X + Y$ qui peut être choisi dans X *i.e.* de la forme $z = [(x', 0)]$ et on a $(x, 0) \overset{a}{\to} (x', 0)$ dans $T + T'$ (d'après **2.1**). Et donc $x \overset{a}{\to} x'$ dans T par définition de $T + T'$. Ainsi $j_1 \colon T \to T \vee_R T'$ et $j_2 \colon T' \to T \vee_R T'$ sont des réductions. Montrons que ces réductions vérifient la propriété universelle suivante : pour toute paire de réductions $T \overset{f_1}{\to} S \overset{f_2}{\leftarrow} T'$ (avec $S \subseteq Z \times A \times Z$) pour lesquelles $f_1(x) = f_2(y)$ dès que xRy, il existe une unique réduction $f \colon T \vee_R T' \to S$ telle que $f_1 = f \circ j_1$ et $f_2 = f \circ j_2$. Considérons par conséquent une telle paire de réductions f_1 et f_2. Par propriété de la somme, il existe une unique application $\overline{f} \colon X + Y \to Z$ pour laquelle $f_1 = \overline{f} \circ in_1$ et $f_2 = \overline{f} \circ in_2$, à savoir $\overline{f}$ donnée par : $\overline{f}(x, 0) = f_1(x)$ et $\overline{f}(y, 1) = f_2(x)$. La condition $xRy \Rightarrow f_1(x) = f_2(y)$ exprime que $R \subseteq \mathrm{Ker}(\overline{f})$ et comme cette dernière est une relation d'équivalence on déduit $\equiv \subseteq \mathrm{Ker}(\overline{f})$ et donc il existe une unique application $f \colon (X + Y)/ \equiv \to Z$ telle que $\overline{f} = f \circ \pi$ et donc telle que $f \circ j_1 = f_1$ et $f \circ j_2 = f_2$. Supposons que g soit une autre application de $(X + Y)/ \equiv$ dans Z telle que $g \circ j_1 = f_1$ et $g \circ j_2 = f_2$. Alors $f_1 = (g \circ \pi) \circ in_1$ et $f_2 = (g \circ \pi) \circ in_2$, d'où $g \circ \pi = \overline{f}$ et $g = f$, ce qui prouve l'unicité de f. On montre que $\overline{f}$ est une réduction de $T + T'$ sur S ce qui nous permet de déduire que $f = \overline{f}/\pi$ est une réduction de $T \vee_R T'$ sur S. $\overline{f}$ est surjective car

f_1 et f_2 le sont en tant que réductions, une transition de $T + T'$ est soit de la forme $(x, 0) \overset{a}{\to} (x', 0)$ pour $x \overset{a}{\to} x'$ dans T ou de la forme $(y, 1) \overset{a}{\to} (y', 1)$ pour $y \overset{a}{\to} y'$ dans T'. Dans le premier cas on déduit $f_1(x) \overset{a}{\to} f_1(x')$ i.e. $\overline{f}(x, 0) \overset{a}{\to} \overline{f}(x', 0)$ l'autre cas est similaire. Dans l'autre direction considérons $\overline{f}(u) \overset{a}{\to} z$ une transition de S , si $u = in_1(x)$ pour $x \in X$ alors cette transition s'écrit $f_1(x) \overset{a}{\to} z$ et puisque f_1 est une réduction, il existe $x' \in X$ tel que $z = f_1(x)$ et $x \overset{a}{\to} x'$, i.e. $\exists u' = in_1(x') \in X + Y : u \overset{a}{\to} u'$ dans $T + T'$ et $\overline{f}(u') = z$. Le cas $u = in_2(y)$ pour $y \in Y$ est similaire.

2.7. $T \wedge_R T'$ vérifie la propriété universelle suivante : pour tout système de transitions $S \subseteq Z \times A \times Z$ et toute paire de réductions $T \overset{f_1}{\leftarrow} S \overset{f_2}{\to} T'$ telles que $\forall z \in Z : f_1(z) R f_2(z)$, il existe une unique réduction $f : S \to T \wedge_R T'$ telle que $f_1 = \pi_1 \circ f$ et $f_2 = \pi_2 \circ f$.

2.8. Montrons qu'il y a équivalence entre les trois assertions suivantes :

     i) il existe une bisimulation entre T et T',

     ii) les systèmes de transitions T et T' se réduisent en un même troisième

     iii) les sytèmes de transitions T et T' sont des réductions d'un même troisième.

- i) $\Rightarrow$ ii) par **2.5**.
- i) $\Rightarrow$ iii) par **2.3**.
- ii) $\Rightarrow$ i) car si $f : T \to T''$ et $g : T' \to T''$ sont des réductions alors $R = fg^{-1}$ est (en tant que composée de deux bisimilations) une bisimulation entre T et T'.
- ii) $\Rightarrow$ i) car si $f : T'' \to T$ et $g : T'' \to T'$ sont des réductions alors $R = f^{-1}g$ est (en tant que composée de deux bisimilations) une bisimulation entre T et T'.

2.9. Les systèmes de transitions $T \wedge_R T'$ et $T \vee_R T'$ sont représentés dans la figure 4.

§3. Bisimilarité

3.1. Une relation d'équivalence $R \subseteq X \times X$ est une congruence de $T \subseteq X \times A \times X$ si, et seulement si, elle vérifie la condition suivante :

$$x R y \;\Rightarrow\; \begin{cases} x \overset{a}{\to} x' & \Rightarrow & \exists y' \text{ t.q. } y \overset{a}{\to} y' \text{ et } x' R y' \\ y \overset{a}{\to} y' & \Rightarrow & \exists x' \text{ t.q. } x \overset{a}{\to} x' \text{ et } x' R y' \end{cases}$$

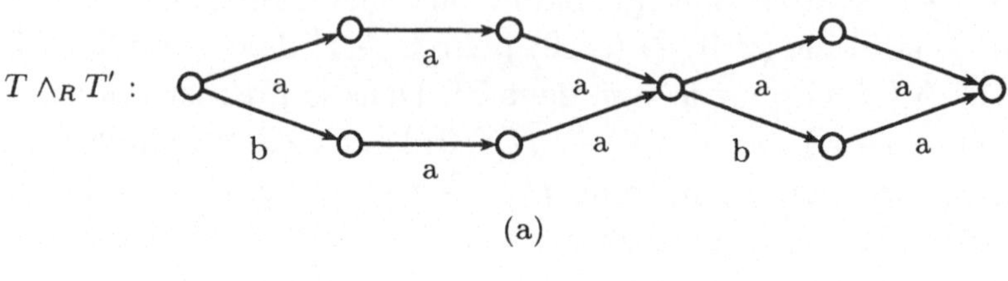

$$T \wedge_R T' :$$

(a)

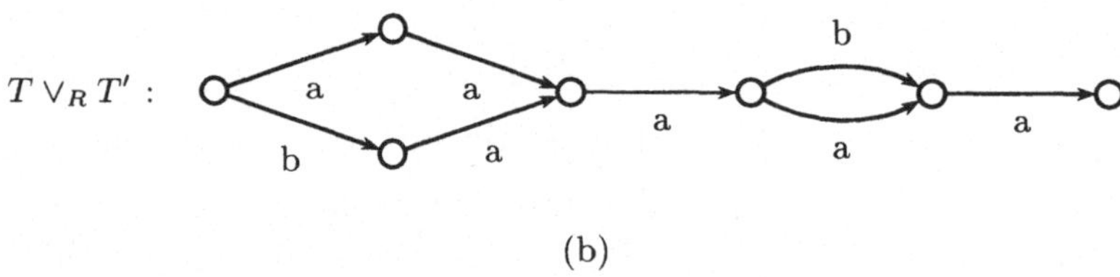

$$T \vee_R T' :$$

(b)

FIG. 4 – la relation $R \subseteq X \times Y$ donnée par $(i,j)R(i',j')$ si, et seulement si, $i = i'$ est une bisimulation de $T \subseteq X \times A \times X$ et $T' \subseteq Y \times A \times Y$

c'est à dire s'il s'agit d'un *post-point fixe* de l'opérateur monotone $\mathcal{F}$ (*i.e.* $R \subset \mathcal{F}(R)$) défini comme suit sur le treillis des relations d'équivalence sur X :

$$x\mathcal{F}Ry \;\Leftrightarrow\; \left\{ \begin{array}{lll} x \xrightarrow{a} x' & \Rightarrow & \exists y' \text{ t.q. } y \xrightarrow{a} y' \text{ et } x'Ry' \\ y \xrightarrow{a} y' & \Rightarrow & \exists x' \text{ t.q. } x \xrightarrow{a} x' \text{ et } x'Ry' \end{array} \right.$$

Le plus grand point fixe de $\mathcal{F}$ est la borne supérieure de ses post-points fixes dans le treillis des relations d'équivalence de X, cette borne supérieure est donnée par la réunion ensembliste du fait que cette réunion est également un post-point fixe (c'est une autobi-simulation de T — *i.e.* une bisimulation entre T et T — car la classe des autobisimulations est close par union arbitraire et c'est une relation d'équivalence car la classe des post-point fixes de $\mathcal{F}$ contient la relation identité et est close par passage à l'inverse et par composition) ainsi :

$$\nu\mathcal{F} = \bigvee \{R \mid R \subseteq \mathcal{F}(R)\} = \bigcup \{R \mid R \subseteq \mathcal{F}(R)\}$$

Comme la relation d'équivalence $(R \cup R^{-1})^*$ engendrée par une au-tobisimulation R est également une autobisimulation (et donc un post-point fixe de $\mathcal{F}$) on en déduit que la relation de bisimilarité $\equiv$ qui est par définition la réunion des autobisimulations de T est le plus grand point fixe de $\mathcal{F}$.

3.2. on définit la suite $(\equiv_n ; n \in \mathbb{N})$ des approximations de la relation de bisimilarité de la manière suivante : $\equiv_0$ désigne la relation universelle : $x \equiv_0 y$ pour tous x et y dans X ; et on pose $\equiv_{n+1} = \mathcal{F}(\equiv_n)$ pour tout $n \in \mathbb{N}$. C'est à dire que la suite des équivalences $\equiv_n$ est la suite des itérées $\equiv_n = \mathcal{F}^n(1)$ de l'opérateur $\mathcal{F}$ à partir de la relation universelle $1 = X \times X$ qui est le plus grand élément du treillis des relations d'équivalence sur X. Comme l'opérateur $\mathcal{F}$ est monotone cette suite est décroissante et elle est minorée par $\nu\mathcal{F}$ car $\nu\mathcal{F} \subseteq 1$ et $\nu\mathcal{F} \subseteq R \;\Rightarrow\; \nu\mathcal{F} = \mathcal{F}(\nu\mathcal{F}) \subseteq \mathcal{F}(R)$. Donc $\nu\mathcal{F} \subseteq \equiv_\omega$ avec $\equiv_\omega = \bigcap_{n \in \mathbb{N}} \equiv_n$. Pour démontrer l'inclusion inverse $(\equiv_\omega \subseteq \nu\mathcal{F})$ il suffit de démontrer que $\equiv_\omega$ est un post-point fixe de $\mathcal{F}$ c'est à dire

$$\equiv_\omega \subseteq \mathcal{F}(\equiv_\omega)$$

Montrons donc que cette inclusion est vérifiée si le système de transitions T est à images finies. Supposons $x \equiv_\omega y$, c'est à dire que pour tout entier n, on a $x \equiv_{n+1} y$:

$$x \xrightarrow{a} x' \;\Rightarrow\; \exists y'_n \text{ t.q. } (y \xrightarrow{a} y'_n \wedge x' \equiv_n y'_n)$$

et la condition symétrique $(y \xrightarrow{a} y' \;\Rightarrow\; \exists x'_n \text{ t.q. } (x \xrightarrow{a} x'_n \wedge x'_n \equiv_n y'))$. Puisque T est à branchement fini il existe une infinité d'indices n procurant un même y_n, autrement dit sous l'hypothèse $x \xrightarrow{a} x'$ on déduit l'existence d'un élément y' tel que $y \xrightarrow{a} y'$ et tel que $x' \equiv_n y'$ pour une infinité d'indices n. Mais comme la suite de relations $\equiv_n$ est décroissante d'intersection $\equiv_\omega$, cette dernière condition entraîne $x' \equiv_\omega y'$. De façon symétrique on obtient

$$y \xrightarrow{a} y' \;\Rightarrow\; \exists x' \text{ t.q. } (x \xrightarrow{a} x' \wedge x' \equiv_\omega y')$$

Et donc $x\mathcal{F}(\equiv_\omega)y$.

3.3. Montrons par récurrence sur $n \in \mathbb{N}$ que $x_n \equiv_n y_n \equiv_n x_n + y_n$ et $x_n \not\equiv_{n+1} y_n \not\equiv_{n+1} x_n + y_n \not\equiv_{n+1} x_n$.

    a) Pour $n = 0$: $x_0 \equiv_0 y_0 \equiv_0 x_0 + y_0$ car $\equiv_0$ est la relation universelle ; $x \equiv_1 y \;\Leftrightarrow\; Init(x) = Init(y)$ où $Init(x) = \{a \in A \mid \exists y \text{ t.q. } x \xrightarrow{a} y\}$ est l'ensemble des lettres de A autorisées en x. $Init(x_0) = \{b\}$, $Init(y_0) = \{c\}$ et $Init(x_0 + y_0) = \{b, c\}$, donc $x_0 \not\equiv_1 y_0 \not\equiv_1 x_0 + y_0 \not\equiv_1 x_0$.

    b) Supposons la propriété pour n et vérifions la pour $n + 1$. Notons que $x \equiv_{n+1} y \;\Leftrightarrow\; \forall a \in A \; \pi_n(x.a) = \pi_n(y.a)$ où

$x.a = \{y \mid x \xrightarrow{a} y\}$ est l'ensemble des éléments accessibles à partir de x par une transition étiquetée a; et si $E \subseteq X$, $\pi_n(E) = \{[x]_{\equiv_n} \mid x \in E\}$ est l'ensemble des classes d'éléments de E modulo l'équivalence $\equiv_n$. pour simplifier les notations écrivons $[x]_n$ pour $[x]_{\equiv_n}$. Pour $b \neq a$, $x_{n+1}.b = y_{n+1}.b = (x_{n+1}+y_{n+1}).b = \varnothing$ et $x_{n+1}.a = \{x_n+y_n\}$, $y_{n+1}.a = \{x_n, y_n\}$ et $(x_{n+1}+y_{n+1}).a = \{x_n, y_n, x_n+y_n\}$, par hypothèse de récurrence on en déduit $\pi_n(x_{n+1}.a) = \pi_n(y_{n+1}.a) = \pi_n((x_{n+1} + y_{n+1}).a)$ et $\pi_{n+1}(x_{n+1}.a) \neq \pi_{n+1}(y_{n+1}.a) \neq \pi_{n+1}((x_{n+1} + y_{n+1}).a) \neq \pi_{n+1}(x_{n+1}.a)$ par conséquent $x_{n+1} \equiv_{n+1} y_{n+1} \equiv_{n+1} x_{n+1}+y_{n+1}$ et $x_{n+1} \not\equiv_{n+2} y_{n+1} \not\equiv_{n+2} x_{n+1} + y_{n+1} \not\equiv_{n+2} x_{n+1}$.

§4. Logique de Hennessy et Milner

4.1.

$$
\begin{aligned}
T, x &\models 0 & &\text{n'est jamais vraie} \\
T, x &\models \varphi \vee \psi & &\text{si, et seulement si, } T, x \models \varphi \text{ ou } T, x \models \psi \\
T, x &\models \forall_a \varphi & &\text{si, et seulement si, } \forall y(x \xrightarrow{a} y \Rightarrow T, y \models \varphi)
\end{aligned}
$$

4.2. On définit par récurrence les formules φ_n et ψ_n par $\varphi_0 = \exists_b 1$, $\psi_0 = \exists_c 1$, $\varphi_{n+1} = \exists_a(\varphi_n \wedge \psi_n)$ et $\psi_n = \forall_a[(\varphi_n \wedge \neg\psi_n) \vee (\neg\varphi_n \wedge \psi_n)]$. Alors φ_n est vérifiée en x_n mais pas en y_n tandis que ψ_n est vérifiée en y_n mais pas en x_n.

4.3. Montrons que si T est à images finies les relations définies par

$$x \cong_k y \text{ si, et seulement si, } \forall\varphi \in \mathrm{HML}_k(T, x \models \varphi \Leftrightarrow T, y \models \varphi)$$

coïncident avec les approximations de la relation de bisimilarité. $\cong_0$ est la relation universelle il suffit donc de montrer $\mathcal{F}(\cong_n) =\cong_{n+1}$ pour tout entier n.

a) Montrons par la contraposée que $\mathcal{F}(\cong_n) \subseteq\cong_{n+1}$. Supposons donc x et y ne vérifiant pas $x \cong_{n+1} y$ cela signifie qu'il existe une formule $\varphi \in \mathrm{HML}_{n+1}$ qui distingue x et y c'est à dire qui est vérifiée par l'un d'eux mais pas par l'autre. Si cette formule est une négation $\varphi = \neg\psi$ alors $\psi \in \mathrm{HML}_{n+1}$ distingue aussi x et y, si c'est une conjonction $\varphi = \varphi_1 \wedge \varphi_2$ alors l'une des formules φ_1 ou φ_2 (qui sont dans HML_{n+1}) distingue également x et y. On peut donc supposer φ de la forme $\exists_a\psi$ avec $\psi \in \mathrm{HML}_n$.

Sans perte de généralité on peut supposer que x vérifie φ et y ne la vérifie pas. C'est à dire qu'il existe une transition $x \xrightarrow{a} x'$ où x' vérifie ψ tandis que pour toute transition $y \xrightarrow{a} y'$, l'état y' ne vérifie pas ψ, c'est à dire qu'aucun de ces y' n'est équivalent modulo les formules de HML_n (*i.e.* par $\cong_n$) à x', autrement dit $x\mathcal{F}(\cong_n)y$ n'est pas vérifiée.

b) On montre par la contraposée que $\cong_{n+1}\, \subseteq\, \mathcal{F}(\cong_n)$. Supposons donc x et y tels que $\neg(x\mathcal{F}(\cong_n)y)$. Cela signifie qu'il existe une transition $x \xrightarrow{a} x'$ telle que pour toute transition $y \xrightarrow{a} y'$ on ait $x' \not\cong_n y'$ (ou bien la condition symétrique). Donc il existe une formule $\varphi_{y'} \in \mathrm{HML}_n$ vérifiée par x' mais pas par y'. Cette formule dépend de y' néanmoins comme le système de transition est à images finies on peut prendre la conjonction de ces formules $\varphi = \bigwedge\{\varphi_{y'} | y \xrightarrow{a} y'\}$ qui est donc vérifiée par x' et par aucun des y' tels que $y \xrightarrow{a} y'$. La formule $\psi = \exists_a \varphi$ est alors une formule de HML_{n+1} qui est vérifiée par x et pas par y et ainsi $x \not\cong_{n+1} y$.

Jeux

(corrigé du sujet proposé pp. 53–57)

§1. Jeux finis

1.1. Depuis chaque nœud interne de l'arbre, c'est soit à J_1, soit à J_2 de jouer; on notera N_1 et N_2 les ensembles correspondants de nœuds.

On notera $\bar{j}$ l'inverse du numéro du joueur de numéro j (1 pour le joueur 2, et 2 pour le joueur 1). On a en fait $\bar{j} = 3 - j$.

La stratégie du joueur gagnant j peut être représentée par un sous-arbre de l'arbre $\mathcal{G}$, dont toutes les feuilles sont dans F_j, et dans lequel tout nœud de N_j a un et un seul fils, alors que les nœuds de $N_{\bar{j}}$ ont les mêmes fils que dans $\mathcal{G}$.

L'algorithme proposé retourne le numéro du joueur gagnant, et construit la stratégie gagnante en élaguant l'arbre de départ; on notera **élaguer**(s, s') la procédure consistant à enlever de l'arbre tous les sous-arbres de racine s'', où s'' est un fils de s distinct de s'.

```
1     fonction gagnant(sommet s, joueur j)
      {  Si s est une feuille alors
           retourner 1 si s in F_1 ;
           retourner 2 si s in F_2 ;
5     sinon
         Pour tout fils s' de s faire
           Si gagnant(s', 3-j) = j alors
             élaguer(s,s') ;
             retourner j ;
10           FinSi
         FinFaire
         retourner (3-j) ;
      FinSi
      }
```

L'appel `gagnant(racine,1)` retourne le numéro du joueur gagnant, et construit la stratégie de ce joueur.

1.2. Le nombre des parties possibles est fini ; à chaque sommet s et à chaque joueur j on associe la valuation $v_j(s)$ correspondant au meilleur résultat (différence entre ses propres gains et ceux de son adversaire) qu'il peut espérer pour le reste de la partie si c'est à lui de jouer, alors que le pion est en s :

$$v_j(s) = \begin{cases} 0 & \text{si } s \text{ est une feuille} \\ \max\{n(s') - v_{\bar{j}}(s') \mid s \longrightarrow s' \text{ est un arc de } \mathcal{G}\} & \text{sinon} \end{cases}$$

Un parcours en profondeur du graphe permet de calculer en temps linéaire les valuations $v_1(s)$ et $v_2(s)$ de chaque sommet s ; les sommets depuis lesquels J_1 a une stratégie gagnante sont les sommets pour lesquels $v_1(s)$ est strictement positif.

§2. Jeux dans un graphe biparti

2.1. On pose

$$f(X) = F_1 \cup p(F_2 \cup q(X))$$

La fonction f est évidemment croissante pour l'inclusion.

$f(\varphi(F)) \subset \varphi(F)$: en effet

- tout sommet s de F_1 est dans $\varphi(F)$ (si le pion est en s, quoi que joue J_1, il a gagné la partie)
- tout sommet s qui a un successeur $s' \in F_2 \cup q(\varphi(F))$ est dans $\varphi(F)$: en effet, si le pion est en s, J_1 joue en s' ; si s' est dans F_2, la partie est gagnée ; sinon, $s' \in q(\varphi(F))$, donc la partie continue, mais, quoi que joue J_2, J_1 aura une stratégie gagnante depuis le sommet atteint.

Réciproquement, $\varphi(F) \subset f(\varphi(F))$: en effet, soit $s \in \varphi(F)$:

- ou bien s est un sommet de F_1 ;
- ou bien la stratégie gagnante de J_1 consiste à jouer en un successeur s' de s qui, s'il n'est pas dans F_2, a lui-même des successeurs (sinon, la partie serait perdue pour J_1) et depuis lequel, quoi que joue J_2, J_1 a la possibilité de gagner ; par conséquent $s' \in F_2 \cup q(\varphi(F))$.

Par conséquent $\varphi(F)$ est un point fixe de f.

Soit X un point fixe de f. Alors J_2 a une stratégie gagnante depuis tout sommet du complémentaire de X dans S_1, stratégie que l'on définit inductivement : supposons que le pion ne soit passé par aucun sommet de F, et se trouve sur un sommet $s \in S_1 - X$:

– s n'est pas dans F_1 ; donc, si s n'a pas de successeurs, J_2 gagne la partie ;

– sinon, supposons que J_1 joue en un successeur s' de s : alors s' n'est pas dans F_2 ; donc, si s' n'a pas de successeurs, J_2 gagne la partie ; sinon, s' n'est pas dans $q(X)$, donc a au moins un successeur s'' qui n'est pas dans X ; la stratégie de J_2 consiste alors à jouer en s'', et on est ramené au cas précédent (le pion n'est passé par aucun sommet de F, et se trouve dans un sommet de $S_1 - X$).

On en déduit que, si un sommet s n'est pas dans X, J_1 ne peut avoir de stratégie gagnante depuis s ; par conséquent $\varphi(F) \subset X$. Donc $\varphi(F)$ est le plus petit point fixe de f.

D'après le théorème du point fixe

$$\varphi(F) = \bigcup_{n>0} f^n(\varnothing)$$

La suite des $f^n(\varnothing)$ est croissante pour l'inclusion, elle est donc stationnaire (puisque S_1 est fini) ; plus précisément, si n est le nombre d'éléments de S_1, alors $f^n(\varnothing) = f^{n+1}(\varnothing)$ et $\varphi(F) = f^n(\varnothing)$.

Étant donné un ensemble $X \subset S_1$, on peut facilement calculer $f(X)$ en temps linéaire par rapport à la taille du graphe (il suffit de parcourir le graphe en marquant les sommets de F et les sommets dont tous les successeurs sont dans X). En répétant n fois l'opération à partir de l'ensemble vide, on calcule $\varphi(F)$ en temps quadratique.

2.2. Pour calculer $\varphi(F)$, on associe à tout sommet s de S_2 un compteur qu'on initialise au nombre de ses successeurs ; puis on parcourt le graphe en effectuant, pour chaque sommet visité s, l'action

```
1    Si s in F_1 alors
        marquer-1(s)
     sinon
        Si s in F_2 alors
5          marquer-2(s)
        FinSi
     FinSi
```

où les procédures de marquage sont les suivantes :

```
1    fonction marquer-1(sommet s)
     { Si s n'est pas marqué alors
         marquer s ;
         Pour tout prédécesseur s' de s faire
5          décrémenter compteur(s') ;
           Si  compteur(s')=0 alors
             marquer-2(s') ;
           FinSi
         FinFaire
10     FinSi
     }
```

```
1    fonction marquer-2(sommet s)
     { Si s n'est pas marqué alors
         marquer s ;
         Pour tout prédécesseur s' de s faire
5          marquer-1(s') ;
         FinFaire
       FinSi
     }
```

L'algorithme est linéaire (chaque sommet est marqué au plus une fois, et le nombre d'appels récursifs des procédures de marquage est au plus égal au nombre d'arcs).

Notons X_1 (resp. X_2) l'ensemble des sommets marqués de S_1 (resp. S_2) ; au début de l'algorithme, ces ensembles sont vides.

Il est facile de montrer que toutes les instructions préservent les propriétés $X_1 \subset F_1 \cup p(X_2)$ et $X_2 \subset F_2 \cup q(X_1)$: par conséquent, à toute étape de l'algorithme, $X_1 \subset f(X_1)$.

à la fin de l'algorithme, $F_1 \cup p(X_2) \subset X_1$ et $F_2 \cup q(X_1) \subset X_2$: en effet, les sommets de F_1 et F_2 ont été visités, donc marqués ; les sommets de X_2 ont été visités, donc marqués, donc leurs prédécesseurs ont été marqués ; et les sommets de $q(X_1)$ ont été marqués (lorsque l'on a marqué leur dernier successeur non marqué). Par conséquent, à la fin de l'algorithme, $f(X_1) \subset X_1$; en définitive, à la fin de l'algorithme, X_1 est un point fixe de f.

D'autre part, lorsqu'on marque un sommet s de S_1, on a $s \in F_1 \cup p(X_2)$, donc $s \in f(X_1)$: par conséquent, si l'inclusion $X_1 \subset \varphi(F)$ est vraie avant ce marquage, elle est vraie après (puisque $f(X_1) \subset$

$f(\varphi(F)) = \varphi(F))$. Par récurrence, l'inclusion est vraie à la fin de l'algorithme, donc X_1 est bien le plus petit point fixe de f.

2.3. Soit $\psi(F)$ l'ensemble des sommets du graphe depuis lesquels J_1 a une stratégie gagnante.

On pose

$$g(X) = \varphi((F_1 \cap X) \cup (F_2 \cap q(X))$$

Alors $\psi(F) = g(\psi(F))$: en effet, les stratégies gagnantes pour J_1 sont les stratégies lui permettant d'atteindre un sommet de F depuis lequel il pourra gagner la partie, c'est à dire soit un sommet de $F_1 \cap \psi(F)$, soit un sommet de $F_2 \cap q(\psi(F)))$.

Soit X un point fixe de g. Depuis tout sommet de X, J_1 a une stratégie gagnante : il lui suffit d'appliquer indéfiniment la stratégie consistant à atteindre un sommet s de $(F_1 \cap X) \cup (F_2 \cap q(X))$. Donc $X \subset \psi(F)$.

Par conséquent $\psi(F)$ est le plus grand point fixe de g.

D'après le théorème du point fixe

$$\psi(F) = \bigcap_{n>0} g^n(S_1)$$

ce qui donne un algorithme quadratique de calcul : en effet, pour un ensemble X donné, on peut calculer

$$Y = (F_1 \cap X) \cup (F_2 \cap q(X))$$

en temps linéaire, puis $\varphi(Y)$, c'est-à-dire $g(X)$, en temps linéaire ; il suffit d'itérer le calcul à partir de l'ensemble S_1 (comme on l'a montré plus haut, le nombre d'itérations est au plus le nombre d'éléments de S_1).

§3. Jeux infinis

3.1. Soit $\mathcal{A}$ un automate déterministe complet reconnaissant le langage L ; on note i son état initial.

à partir de cet automate, on construit inductivement un graphe biparti $\mathcal{G}$ de la façon suivante :

- on dédouble chaque état s de $\mathcal{A}$ en deux sommets s^1 et s^2 de $\mathcal{G}$;

– on dédouble chaque transition $s \xrightarrow{a} s'$ de $\mathcal{A}$, en deux arcs $s^1 \longrightarrow s'^2$ et $s'^1 \longrightarrow s^2$ de $\mathcal{G}$.

On note F l'ensemble des sommets de $\mathcal{G}$ de la forme s^1 ou s^2, où s est un état final de l'automate.

Une partie est un mot $a_1 a_2 \ldots a_n \ldots$, auquel correspond un unique comportement $i \longrightarrow s_2 \longrightarrow \ldots s_n \longrightarrow \ldots$ de l'automate $\mathcal{A}$; on lui associe la partie

$$i^1 \longrightarrow s_2^2 \ldots \longrightarrow s_{2p+1}^1 \longrightarrow s_{2p+2}^2 \ldots \longrightarrow \ldots$$

jouée dans le graphe $\mathcal{G}$; J_1 gagne si, et seulement si, cette partie passe par un sommet de F.

Dire que J_1 a une stratégie gagnante, c'est dire que, dans le graphe $\mathcal{G}$, J_1 a depuis i_1 une stratégie pour atteindre F; pour savoir si J_1 a une stratégie gagnante, il suffit donc de calculer $\varphi(F)$ (comme défini dans le jeu à positions gagnantes terminales), puis de déterminer si $i_1 \in \varphi(F)$; ce qui se fait en temps linéaire par rapport à la taille de $\mathcal{G}$, donc de l'automate $\mathcal{A}$.

3.2. On définit une configuration du jeu comme un triplet (s, X_1, X_2) où s est un sommet du graphe, X_1 et X_2 sont des ensembles disjoints de sommets du graphe.

On construit inductivement le graphe biparti $\mathcal{G}'$ des configurations possibles de la façon suivante :

– $c_0 = (s_0, \varnothing, \varnothing)$ est un sommet de S_1;

– pour tout sommet $c = (s, X_1, X_2)$ de S_1 et tout arc $s \longrightarrow s'$ de $\mathcal{G}$, $c' = (s', X_1', X_2)$, où $X_1' = X_1$ si $s' \in X_2$ et $X_1' = X_1 \cup \{s'\}$ sinon, est un sommet de S_2, et $c \longrightarrow c'$ est un arc de $\mathcal{G}'$;

– pour tout sommet $c = (s, X_1, X_2)$ de S_2 et tout arc $s \longrightarrow s'$ de $\mathcal{G}$, $c' = (s', X_1, X_2')$, où $X_2' = X_2$ si $s' \in X_1$ et $X_2' = X_2 \cup \{s'\}$ sinon, est un sommet de S_1, et $c \longrightarrow c'$ est un arc de $\mathcal{G}'$.

Le graphe $\mathcal{G}'$ est fini (en effet, il n'existe qu'un nombre fini de configurations possibles); à toute partie dans $\mathcal{G}$ correspond un unique chemin de $\mathcal{G}'$ débutant en c_0.

à toute configuration $c = (s, X_1, X_2)$ on associe la valuation

$$\delta(c) = \sum_{x \in X_1} n(x) - \sum_{x \in X_2} n(x)$$

Le long d'un chemin de $\mathcal{G}'$, les ensembles X_1 et X_2 (composantes des configurations) ne peuvent que croître; par conséquent, dans toute composante fortement connexe de $\mathcal{G}'$, ils sont constants, et a fortiori tous les sommets ont même valuation (ce qui correspond au fait que dans toute partie infinie du jeu, à partir d'un certain rang, ni J_1 ni J_2 ne ramassent de jetons).

Soit F l'ensemble des configurations c pour lesquelles $\delta(c) > 0$: les parties gagnantes pour J_1 correspondent aux chemins de $\mathcal{G}'$ dont tous les sommets sont dans F à partir d'un certain rang ; ce qui équivaut à dire que le chemin doit passer infiniment souvent par F (en effet, si un chemin passe infiniment souvent par un sommet c de F, à partir d'un certain rang tous ses sommets sont dans la composante fortement connexe de c, et par conséquent tous sont dans F).

On est ainsi ramené au cas d'un jeu à positions gagnantes répétées dans un graphe biparti ; pour savoir si J_1 a une stratégie gagnante, il suffit donc de déterminer si c_0 est élément de $\psi(F)$.

Semi-groupes et logique temporelle

(corrigé du sujet proposé pp. 59–67)

§1. Reconnaissance par semi-groupe

1.1. C'est un semi-groupe car la composition des applications est associative, il est fini car inclus dans l'ensemble des applications de Q dans Q.

1.2. Soit

$$f : A^+ \to S_A$$
$$w \mapsto f_w$$

et soit $P = f(L)$. Pour $q \in Q$, on a $f_w f_v(q) = \delta(\delta(q,v),w) = \delta(q,vw) = f_{vw}(q)$. Donc $f(v)f(w) = f_w f_v = f_{vw} = f(vw)$ et l'application f est un morphisme. On a de façon évidente : $L \subseteq f^{-1}(P)$. Inversement, soit $w \in f^{-1}(P)$. Par définition de P, il existe un mot $v \in L$ tel que $f(v) = f(w)$, c'est-à-dire $f_v = f_w$. Comme $v \in L$, l'état $\delta(q_0,v)$ est final. Or $f_v(q_0) = f_w(q_0)$, soit $\delta(q_0,v) = \delta(q_0,w)$. L'état $\delta(q_0,w)$ est donc final, d'où $w \in L$. Donc $L = f^{-1}(P)$, et L est donc bien reconnu par S_A.

1.3. Soit $L \subseteq A^+$, soit S un semi-groupe fini, $P \subseteq S$ et $f : A^+ \to S$ un morphisme tel que $L = f^{-1}(P)$. Soit S^1 le semi-groupe obtenu en ajoutant à S un nouvel élément $1_S \notin S$, tel que : $1_S s = s 1_S = s$ pour tout $s \in S \cup \{1_S\}$. Soit $\mathcal{A}_S = \{A, S^1, P, 1_S, \delta\}$ l'automate sur A dont l'ensemble d'états est S^1, dont l'ensemble des états finals est P et dont l'état initial est 1_S. La fonction de transition δ est définie par

$$\delta(s,a) = s \cdot f(a)$$

Par une récurrence facile sur $|w|$, on montre que $\delta(s,w) = s \cdot f(w)$ pour tout $w \in A^+$. Soit $w \in A^+$ un mot accepté par $\mathcal{A}_S$. On a donc

$\delta(1_S, w) \in P$, soit $f(w) \in P$, donc $w \in L = f^{-1}(P)$. Inversement si $w \in L$, on a $\delta(1_S, w) = f(w) \in P$: w est donc bien accepté par $\mathcal{A}_S$. Inversement, on a montré en **1.2** que tout langage rationnel est reconnu par le semi-groupe de transitions (fini) de n'importe quel automate qui le reconnaît.

1.4. Le fait que $\sim_L$ est une relation d'équivalence est immédiat. Supposons que $x \sim_L y$ et que $u(xz)v \in L$. Alors, $ux(zv) \in L$ donc, puisque $x \sim_L y$, on a $uy(zv) \in L$, soit $u(yz)v \in L$. On a donc bien $x \sim_L y \Rightarrow xz \sim_L yz$. On montre de même que $x \sim_L y \Rightarrow zx \sim_L zy$. La relation $\sim_L$ est donc bien une congruence.

1.5. a. Puisque L est rationnel, les quotients $z^{-1}Lt^{-1}$ sont en nombre fini. Or, on a

$$x \sim_L y \Leftrightarrow (\forall z, t \in A^*, \ x \in z^{-1}Lt^{-1} \Leftrightarrow y \in z^{-1}Lt^{-1})$$

ce qui montre immédiatement que les classes d'équivalence sont en nombre fini.

b. Il suffit de vérifier que si $x' \sim_L x$ et $y' \sim_L y$, alors $xy \sim_L x'y'$. Ceci résulte du fait que $\sim_L$ est une congruence : $xy \sim_L x'y \sim_L x'y'$. Poser $(xy)/\sim_L = (x/\sim_L)(y/\sim_L)$ a donc un sens, et l'associativité de cette loi interne sur $A^+/\sim_L$ vient de celle de la concaténation sur A^+.

c. Il résulte des deux points précédents que $A^+/\sim_L$ est un semi-groupe fini. Il reste à vérifier qu'il reconnaît L. D'après la définition de $(xy)/\sim_L$, la fonction f_L de A^+ dans $A^+/\sim_L$ qui à x associe $x/\sim_L$ est un morphisme. Par ailleurs, si $x \in L$ et si $y \sim_L x$, on a $1 \cdot x \cdot 1 \in L$, et donc $1 \cdot y \cdot 1 \in L$ par définition de la congruence syntaxique. Donc $L = f_L^{-1}(f_L(L))$, ce qui montre que $A^+/\sim_L$ reconnaît L.

1.6. Soient $x, y \in A^+$. Supposons que $f(x) = f(y)$. Ceci implique que $g(x) = g(y)$. La définition $h(z) = g(x)$, où x est choisi arbitrairement dans A^+ de sorte que $z = f(x)$, a donc un sens pour tout $z \in A^+$. On remarque que comme f est surjectif, l'existence de x est assurée et h est bien une application définie sur S. On a clairement $g(x) = h \circ f(x)$ pour tout $x \in f(A^+) = A^+$. Il reste à montrer que h est un morphisme. Soient $s, t \in S$. Comme f est surjectif, il existe $x, y \in A^+$ tels que $s = f(x)$ et $t = f(y)$. Puisque f est un morphisme, $st = f(xy)$. Donc $h(st) = h(f(xy)) = g(xy) = g(x)g(y) = h(f(x))h(f(y)) = h(s)h(t)$.

Enfin, supposons que g est surjectif. L'égalité $g = h \circ f$ montre alors que $h(f(A^+)) = g(A^+) = T$. Mais $f(A^+) = S$ car f est surjectif, donc $h(S) = T$ et h est surjectif.

1.7. Le morphisme f est bien surjectif de A^+ dans T. D'après la question précédente, il suffit de montrer l'implication $f(x) = f(y) \Rightarrow f_L(x) = f_L(y)$, où $f_L : A^+ \to A^+/\!\sim_L$ est le morphisme (surjectif) qui envoie x sur $x/\!\sim_L$. Supposons donc que $f(x) = f(y)$. Soient $z, t \in A^*$. Puisque f est un morphisme, on a $f(zxt) = f(zyt)$. En particulier, $f(zxt) \in P$ si, et seulement si, $f(zyt) \in P$, et comme $L = f^{-1}(P)$, $zxt \in L$ si, et seulement si, $zyt \in L$. Donc $x \sim_L y$ et $f_L(x) = f_L(y)$.

§2. Semi-groupe et langages apériodiques

2.1. On vérifie que le semi-groupe de transitions de l'automate minimal de ce langage est apériodique.

2.2. Soit $f : A^+ \to S$ et $g : A^+ \to T$ deux morphismes dans des semi-groupes apériodiques et $P \subseteq S$, $Q \subseteq T$ tels que $K = f^{-1}(P)$ et $L = g^{-1}(Q)$. On constate d'abord que $A^+ \smallsetminus K = f^{-1}(S \smallsetminus P)$, donc $A^+ \smallsetminus K$ est reconnu par S. Il est donc apériodique.

D'autre part $S \times T$ muni de la loi $(s, t) \cdot (s', t') = (ss', tt')$ est clairement un semi-groupe apériodique. Soit h le morphisme de A^+ dans $S \times T$ défini par $h(w) = (f(w), g(w))$. On a alors $K \cup L = h^{-1}((S \times Q) \cup (P \times T))$, donc $K \cup L$ est reconnu par $S \times T$, et $K \cup L$ est apériodique.

2.3. Il existe n tel que $s^n = s^{n+1}$ pour tout $s \in S$. Comme T est un sous-semi-groupe de S, on a $t^n = t^{n+1}$ pour tout $t \in T$. Soit $u \in T'$. Comme f est surjectif, il existe $t \in T$ tel que $f(t) = u$. En utilisant le fait que f est un morphisme, on calcule donc $u^n = f(t)^n = f(t^n) = f(t^{n+1}) = f(t)^{n+1} = u^{n+1}$. Ceci montre que T' est apériodique.

Soit maintenant S un semi-groupe apériodique qui reconnaît L. D'après la question **1.7**, il existe un sous-semi-groupe T de S et un morphisme surjectif de T dans $A^+/\!\sim_L$, et il suffit alors d'appliquer ce qui précède.

2.4. Comme K et L sont apériodiques, $A^+/\!\sim_L$ et $A^+/\!\sim_K$ sont apériodiques d'après la question précédente. Il existe k et ℓ tels que pour tout $s \in A^+/\!\sim_K$ (resp. pour tout $s \in A^+/\!\sim_L$), on a $s^k = s^{k+1}$ (resp. on a $s^\ell = s^{\ell+1}$).

D'après la question **1.5 1.5c**, il suffit de montrer que $A^+/{\sim_{KL}}$ est apériodique. Soient $z, t \in A^*$ tels que le mot $w = zx^{k+\ell}t$ soit dans KL. On veut montrer que $w = zx^{k+\ell+1}t$ est aussi dans KL. Le mot w s'écrit uv avec $u \in K$ et $v \in L$, et soit x^k est un facteur de u, soit x^ℓ est un facteur de v. Supposons par exemple que x^k est un facteur de u. Alors $u = u_1 x^k u_2$, mais comme $s^k = s^{k+1}$ pour tout s de $A^+/{\sim_K}$, $u_1 x^{k+1} u_2$ est aussi dans K. On en déduit facilement que $w = zx^{k+\ell+1}t$ est aussi dans KL.

On montre de la même façon que si $w = zx^{k+\ell+1}t \in KL$, alors $w = zx^{k+\ell}t \in KL$. Ceci prouve que pour $s \in A^+/{\sim_{KL}}$, on a $s^{k+\ell} = s^{k+\ell+1}$. Donc $A^+/{\sim_{KL}}$ est bien apériodique.

§3. Logique temporelle linéaire et langages apériodiques

3.1. On vérifie qu'un mot satisfait la formule $\mathsf{E}\,\varphi$ si, et seulement si, ce mot a un suffixe non vide qui satisfait φ. De même, un mot satisfait la formule $\mathbb{G}(A, I)\varphi$ si, et seulement si, tous ses suffixes non vides satisfont φ.

3.2. On utilise les abréviations suivantes : $\varphi \wedge \psi$ pour $\neg(\neg\varphi \vee \neg\psi)$; $\varphi \Rightarrow \psi$ pour $\neg\varphi \vee \psi$. Enfin, pour $B \subseteq A$, B est une abréviation de $\bigvee_{b \in B} b$. On constate que la formule A est satisfaite par n'importe quel mot u à tout instant $i \in [1, |u|]$. On vérifie alors facilement que

a. $A^+ = L_A(A)$.

b. $aA^* = L_A(a)$.

c. $A^*b = L_A(\mathsf{E}(b \wedge \neg\,\mathsf{X}\,A))$.

d. $(ab)^+ = L_A(a \wedge (\mathsf{E}(b \wedge \neg\,\mathsf{X}\,A)) \wedge \mathbb{G}(A, I)(a \Rightarrow \mathsf{X}\,b) \wedge \mathbb{G}(A, I)(b \Rightarrow \neg\,\mathsf{X}(\neg a)))$.

3.3. a. On a $L_A(a) = aA^*$. On vérifie que le semi-groupe de transitions de l'automate minimal de ce langage est apériodique.

b. On a clairement $L_A(\neg\varphi) = A^+ \setminus L_A(\varphi)$, et comme la classe des langages apériodiques est fermée par complément (*cf* question **2.2**), $L_A(\neg\varphi)$ est apériodique si $L_A(\varphi)$ l'est.

c. On a clairement $L_A(\varphi \vee \psi) = L_A(\varphi) \cup L_A(\psi)$, et comme la classe des langages apériodiques est fermée par union finie (*cf* question **2.2**), $L_A(\varphi \vee \psi)$ est apériodique dès que $L_A(\varphi)$ et $L_A(\psi)$ le sont.

    d. On a $L_A(\mathsf{X}\,\varphi) = AL_A(\varphi)$. Or, le langage A est apériodique (comme d'ailleurs tout langage fini), et la classe des langages apériodiques est fermée par produit (*cf* question **2.4**). Donc $L_A(\mathsf{X}\,\varphi)$ est apériodique dès que $L_A(\varphi)$ l'est.

3.4. La première égalité est une conséquence immédiate de la définition de $L_A(\varphi \,\mathsf{U}\, \psi)$.

Remarquons ensuite que pour tout $L \subseteq A^+$, le langage $A^+ \smallsetminus (A^*(A^+ \smallsetminus L))$ est le langage des mots dont tous les suffixes non vides sont dans L.

Montrons maintenant que

$$L_A(\varphi \,\mathsf{U}\, \psi) \subseteq \bigcup_{s \in S} \left(A^+ \smallsetminus (A^*(A^+ \smallsetminus L_s))\right) \left(L_A(\psi) \cap f^{-1}(s)\right).$$

Soit $uv \in L_A(\varphi \mathsf{U} \psi)$ une factorisation donnée par la première égalité. Posons $s = f(v)$. On a bien $v \in L_A(\psi) \cap f^{-1}(s)$. Il suffit donc de montrer que $u \in A^+ \smallsetminus (A^*(A^+ \smallsetminus L_s))$, c'est-à-dire que tous les suffixes non vides u' de u s'envoient sur Ps^{-1} par f. Or, $u'v \in L_A(\varphi)$ implique que $f(u'v) \in P$, soit $f(u') \in Ps^{-1}$.

Inversement, soit $s \in S$, soit $u \in A^+ \smallsetminus (A^*(A^+ \smallsetminus L_s))$ et soit $v \in L_A(\psi) \cap f^{-1}(s)$. Pour montrer que $uv \in L_A(\varphi \,\mathsf{U}\, \psi)$, on a déjà $v \in L_A(\psi)$. Il reste à vérifier que pour tout suffixe non vide u' de u, on a $u'v \in L_A(\varphi)$. Mais comme $u \in A^+ \smallsetminus (A^*(A^+ \smallsetminus L_s))$, on a $u' \in L_s$ pour tout suffixe non vide u' de u, soit $f(u')s \in P$, donc $f(u'v) \in P$, soit encore $u'v \in L_A(\varphi)$, ce que l'on voulait.

3.5. Comme $L_A(\varphi)$ est apériodique, on peut donc supposer que le semi-groupe S de la question précédente est apériodique. Comme la classe des langages apériodiques est fermée par union finie (*cf* question **2.2**), il suffit de montrer que tout langage de la forme

$$\left(A^+ \smallsetminus (A^*(A^+ \smallsetminus L_s))\right) \left(L_A(\psi) \cap f^{-1}(s)\right)$$

est apériodique. Comme cette classe est fermée par produit (*cf* question **2.4**), il suffit de montrer que

    i) $A^+ \smallsetminus (A^*(A^+ \smallsetminus L_s))$ est apériodique ;

    ii) $L_A(\psi) \cap f^{-1}(s)$ est apériodique.

Mais L_s est reconnu par S donc est apériodique. Donc $A^+ \smallsetminus L_s$ est aussi apériodique. De plus, si K est apériodique, $A^*K = A^+K \cup K$ est une union de langages apériodiques, donc est apériodique. Le langage $A^+ \smallsetminus (A^*(A^+ \smallsetminus L_s))$ est donc bien apériodique.

Enfin, la classe des langages apériodiques étant stable par union et complément, elle est stable par intersection, donc $L_A(\psi) \cap f^{-1}(s)$ est apériodique.

3.6. Les questions **3.3** et **3.5** permettent immédiatement de montrer que $L_A(\varphi)$ est apériodique, par induction structurelle sur φ (ou par récurrence sur la longueur de la formule φ).

3.7. Soit $L = (aa)^+$. Un calcul facile montre que le semi-groupe $A^+/\!\!\sim_L$ n'est pas apériodique. Or, si L était reconnu par un semi-groupe apériodique, $A^+/\!\!\sim_L$ serait apériodique d'après la question **2.3**. Le langage $(aa)^+$ n'est donc pas exprimable dans $\mathsf{LTL}(A)$.

§4. Expressivité de la logique temporelle linéaire

4.1. Il suffit de remarquer que $L = h^{-1}(P) = \bigcup_{s \in P} h^{-1}(s)$ et d'utiliser le fait qu'une union de langages exprimables dans $\mathsf{LTL}(A)$ est exprimable dans $\mathsf{LTL}(A)$.

4.2. Le fait que Q^Q soit un semi-groupe résulte immédiatement de l'associativité de la composition des applications de Q dans Q. Soit T^1 le semi-groupe $T \cup \{1\}$, où 1 est un nouvel élément, qui agit comme un élément neutre ($1t = t1 = t$ pour tout élément t de T^1). Il est clair que T est un sous-semi-groupe de T^1. Il suffit donc de montrer que T^1 est un sous-semi-groupe de Q^Q, pour un certain ensemble Q. À chaque élément t de T^1, on peut associer l'application $\rho_t : T^1 \to T^1$ définie par $\rho_t(s) = ts$. L'application $t \mapsto \rho_t$ est un morphisme : $\rho_t \circ \rho_{t'}(s) = tt's = \rho_{tt'}(s)$; elle est injective : si $\rho_t = \rho_{t'}$, alors en particulier $\rho_t(1) = \rho_{t'}(1)$, soit $t = t'$. Finalement, S est un sous-semi-groupe de Q^Q où $Q = T^1$.

4.3. Soit $w \in A^+$. Alors, $h(w)$ est une bijection, et comme S est apériodique, il existe n tel que $h(w)^{n+1} = h(w)^n$. En multipliant par $(h(w)^{-1})^n$, où $h(w)^{-1}$ désigne la bijection réciproque de $h(w)$, on obtient $h(w) = \mathrm{id}_Q$. Ainsi, on a $h(w) = \mathrm{id}_Q$ pour tout $w \in A^+$, et

$$h^{-1}(s) = \begin{cases} \varnothing & \text{si } s \neq \mathrm{id}_Q \\ A^+ & \text{sinon} \end{cases}$$

et $h^{-1}(s)$ est bien exprimable dans $\mathsf{LTL}(A)$.

4.4. Si $|Q| = 1$, alors $|S| = 1$ donc tous les éléments de A^+ s'envoient sur l'unique élément de S par h. Donc $L = \varnothing$ ou $L = A^+$, qui sont tous deux exprimables dans $\mathsf{LTL}(A)$.

4.5. On ne peut avoir $|Q'| = |Q|$ que si $h(a)$ est une bijection, ce qui est exclu. Donc $|Q'| < |Q|$. Comme tout élément de Σ est un mot de A^*a, et comme $h(a)$ envoie Q sur Q', si $s \in h(\Sigma^+)$, alors s envoie Q sur Q'. On peut donc composer les restrictions à Q' d'éléments de $h(\Sigma)^+$. Il alors immédiat que les éléments de S' envoient Q' sur lui-même, et que S' est un sous-semi-groupe de $Q'^{Q'}$.

Le semi-groupe $T = \{s \mid s \in h(\Sigma^+)\}$ est un sous-semi-groupe de S, donc il est apériodique. On vérifie aisément que pour $s, t \in T$, on a $(st)_{|Q'} = s_{|Q'}t_{|Q'}$. L'application de T dans S' qui a t associe $t_{|Q'}$ est donc un morphisme, qui est bien sûr surjectif. D'après **2.3**, S' est apériodique.

4.6. Soit $x \in h^{-1}(s) \cap \Sigma^+ B^*$. D'après la définition de Σ, $x \in A^*aA^*$ et se factorise donc $x = x_1ax_2x_3$, où $x_1, x_3 \in B^*$ et $x_2 \in \Sigma^*$ (x_1 « s'arrête » juste avant le premier a et x_3 « commence » juste après le dernier). Soit $t \overset{\text{def}}{=} h(x_1) = g(x_1)$, $u \overset{\text{def}}{=} h(x_3) = g(x_3)$ et $s' \overset{\text{def}}{=} h(x_2)_{|Q'} = e(f(x_2))$. On a $s = h(x) = h(x_1)h(a)h(x_2)_{|Q'}h(x_3) = g(x_1)h(a)e(f(x_2))g(x_3) = th(a)s'u$, et on a bien $x \in L_t a K_{s'} L_u$. Ceci montre l'inclusion de gauche à droite.

Inversement, si $x \in L_t a K_{s'} L_u$ où $th(a)s'u = s$, alors clairement $x \in A^*aA^* = \Sigma^+ B^*$. De plus $x = x_1ax_2x_3$, où $x_1, x_3 \in B^*$ et $x_2 \in \Sigma^*$ sont tels que $g(x_1) = t$, $e(f(x_2)) = s'$ et $g(x_3) = u$. Donc $h(x) = th(a)s'u = s$.

4.7. Le langage $e^{-1}(s')$ de S'^+ est reconnu par S', qui est un sous-semi-groupe apériodique de $Q'^{Q'}$. Comme $|Q'| < |Q|$, l'hypothèse de récurrence $(\mathcal{H}_q)$ montre que $e^{-1}(s)$ est exprimable dans $\mathsf{LTL}(S')$. Soit φ une formule de $\mathsf{LTL}(S')$ telle que $L_{S'}(\varphi) = e^{-1}(s')$.

– Si $\varphi = t$, où $t \in S'$, alors $e^{-1}(s') = tS'^*$, donc

$$K_{s'} = \begin{cases} aA^* & \text{si } f(a) = t \\ \varnothing & \text{sinon} \end{cases}$$

et ces langages sont exprimables dans $\mathsf{LTL}(A)$.

On raisonne maintenant par récurrence sur $|\varphi|$.

– Si $\varphi = \neg\varphi_1$, on a $|\varphi_1| < |\varphi|$, et par récurrence, il existe ψ_1 telle que $f^{-1}(L_{S'}(\varphi_1)) = L_A(\psi_1)$. On a alors $K_{s'} = f^{-1}(L_{S'}(\neg\varphi_1)) = [A^+ \smallsetminus f^{-1}(L_{S'}(\varphi_1))] = A^+ \smallsetminus L_A(\psi_1) = L_A(\neg\psi_1)$.

– Si $\varphi = \varphi_1 \vee \varphi_2$, on a encore $|\varphi_1| < |\varphi|$ et $|\varphi_2| < |\varphi|$, donc il existe ψ_1 (resp. ψ_2) telle que $f^{-1}(L_{S'}(\varphi_1)) = L_A(\psi_1)$ (resp. $f^{-1}(L_{S'}(\varphi_2)) = L_A(\psi_2)$). On a donc $f^{-1}(L_{S'})(\varphi) = L_A(\psi_1 \vee \psi_2)$.

- Si $\varphi = \mathsf{X}\,\varphi_1$, on a $|\varphi_1| < |\varphi|$, et à nouveau il existe ψ_1 telle que $f^{-1}(L_{S'}(\varphi_1)) = L_A(\psi_1)$. On a

$$\begin{aligned} K_{s'} &= f^{-1}(L_{S'}(\varphi)) \\ &= f^{-1}(S'L_{S'}(\varphi_1)) \\ &= af^{-1}(L_{S'}(\varphi_1)) \\ &= L_A(\mathsf{X}\,\psi_1). \end{aligned}$$

- Enfin, si $\varphi = \varphi_1 \mathrel{\mathsf{U}} \varphi_2$, avec $|\varphi_1| < |\varphi|$ et $|\varphi_2| < |\varphi|$, il existe ψ_1 (resp. ψ_2) telle que $f^{-1}(L_{S'}(\varphi_i)) = L_A(\psi_i)$. On a alors $K_{s'} = f^{-1}(L_{S'}(\varphi)) = f^{-1}(L_{S'}(\varphi_1 \mathrel{\mathsf{U}} \varphi_2)) = L_A(\psi_1 \mathrel{\mathsf{U}} \psi_2)$.

Donc $K_{s'}$ est exprimable dans $\mathsf{LTL}(A)$.

4.8. Pour $A = \{a\}$, on a $B = \varnothing$ et $B^* = \{1\}$, et $\Sigma^+ B^* = A^+$. Pour $t \in S^1$, $L_t = \varnothing$ sauf si $t = 1_S$, auquel cas $L_t = \{1\}$. Donc l'égalité de la question **4.6** s'écrit

$$h^{-1}(s) = \left[\bigcup_{\substack{s' \in S' \\ h(a)s' = s}} aK_{s'} \right] \cup \begin{cases} \{a\} & \text{si } h(a) = s \\ \varnothing & \text{sinon} \end{cases}$$

Or $K_{s'}$ est exprimable dans $\mathsf{LTL}(A)$, donc $aK_{s'}$, et finalement $h^{-1}(s)$ le sont aussi.

4.9. On a $L_B(\varphi) = L_A(\varphi) \cap B^+ = L_A(\varphi \wedge \mathbb{G}(A, I)B)$, donc $L_B(\varphi)$ est exprimable dans $\mathsf{LTL}(A)$.

Soit φ une formule de $\mathsf{LTL}(B)$ qui définit L. Si $\varphi = b$, avec $b \in B$, on a $L = bB^*$ et $LaA^* = bB^*aA^* = L_A(b \wedge \mathsf{E}\,a)$. On suppose que pour toute formule φ telle que $|\varphi| < k$, $L_B(\varphi)aA^*$ est exprimable dans $\mathsf{LTL}(A)$; soit alors φ une formule de longueur k.

- Si $\varphi = \neg\varphi_1$, on a $|\varphi_1| < k$, donc il existe ψ_1 telle que $L_B(\varphi_1)aA^* = L_A(\psi_1)$. On vérifie en utilisant $a \notin B$, que $L_B(\varphi)aA^* = B^+aA^* \smallsetminus L_B(\varphi_1)aA^*$, donc $L_B(\varphi)aA^* = B^+aA^* \smallsetminus L_A(\psi_1) = L_A(B \wedge \mathsf{E}\,a \wedge \neg\psi_1)$ est bien exprimable dans $\mathsf{LTL}(A)$.

- Si $\varphi = \varphi_1 \vee \varphi_2$, on a encore $|\varphi_1| < k$ et $|\varphi_2| < k$, donc il existe ψ_1 (resp. ψ_2) telle que $L_B(\varphi_1)aA^* = L_A(\psi_1)$ (resp. $L_B(\varphi_2)aA^* = L_A(\psi_2)$). On a donc $L_B(\varphi)aA^* = L_B(\varphi_1)aA^* \cup L_B(\varphi_2)aA^* = L_A(\psi_1 \vee \psi_2)$.

- Si $\varphi = \mathsf{X}\,\varphi_1$, on a $|\varphi_1| < k$, et à nouveau il existe ψ_1 telle que $L_B(\varphi_1)aA^* = L_A(\psi_1)$. On a $L_B(\varphi)aA^* = BL_A(\varphi_1)aA^* = L_A(B \wedge \mathsf{X}\,\psi_1)$.

– Enfin, si $\varphi = \varphi_1 \cup \varphi_2$, avec $|\varphi_1| < k$ et $|\varphi_2| < k$, il existe ψ_1 (resp. ψ_2) telle que $L_B(\varphi_1)aA^* = L_A(\psi_1)$ (resp. $L_B(\varphi_2)aA^* = L_A(\psi_2)$). On a alors $L_B(\varphi)aA^* = L_B(\varphi_1 \cup \varphi_2)aA^* = L_A(\psi_1 \cup \psi_2)$.

On a donc montré que $L_B(\varphi)aA^*$ est exprimable dans $\mathsf{LTL}(A)$.

Comme $|B| < |A|$, $g^{-1}(t) \smallsetminus \{1\}$ est exprimable dans $\mathsf{LTL}(B)$ d'après $(\mathcal{H}'_p)$. On déduit de a que L_t $(t \in S)$ est exprimable dans $\mathsf{LTL}(A)$ et de b que $L_t aA^*$ $(t \in S^1)$ l'est aussi.

4.10. L'inclusion de gauche droite est triviale. Soit $x \in L_1 aA^* \cap B^* aK L_2$. On peut écrire, avec des notations évidentes : $x = x_1 ax' = x_B ax_K x_2$. Comme $x_1 \in B^*$, l'occurrence de a qui apparaît dans ces deux factorisations est la même (c'est la première). On a donc $x' = x_K x_2 \in K L_2$. La deuxième égalité demandée est triviale.

4.11. On a $\Sigma^+ = B^* a\Sigma^*$. À nouveau l'inclusion de gauche droite est triviale. Soit $x \in B^* aK_{s'} B^* \cap B^* a\Sigma^* L_u$. Avec des notations évidentes, x admet deux décompositions $x = x_B ax_{s'} y_B = x'_B ax_\Sigma x_u$. Comme la lettre a n'apparaît ni dans x_B ni dans x'_B, l'occurrence de a qui apparaît dans les deux factorisations est la même. Donc $x_{s'} y_B = x_\Sigma x_u$. En remarquant de même que $y_B, x_u \in B^*$ et que si $x_{s'}$ et x_Σ ne sont pas vides, ils se terminent par a, on en déduit que $x_{s'} = x_\Sigma$ et $y_B = x_u$. On a donc bien $x \in B^* aK_{s'} L_u$.

Montrons maintenant que $\Sigma^+ L_u = B^* a\Sigma^* L_u$ est exprimable dans $\mathsf{LTL}(A)$. Si $u = 1$, $\Sigma^+ L_u = A^* a$ est exprimable (*cf* **3.2**). Supposons $u \neq 1$. On sait par l'hypothèse de récurrence $(\mathcal{H}'_p)$ que $g^{-1}(u)$ est exprimable dans $\mathsf{LTL}(B)$ et donc dans $\mathsf{LTL}(A)$. Soit φ une formule de $\mathsf{LTL}(A)$ telle que $L(\varphi) = g^{-1}(u)$. La formule $\mathsf{E}(a \wedge \mathsf{X}\,\varphi)$ définit alors $\Sigma^+ L_u$.

4.12. L'égalité demandée résulte trivialement de $A^+ = \Sigma^+ B^* \cup B^+$ et du fait que $L_s = h^{-1}(s) \cap B^+$. Pour $|A| = 1$, $B = \varnothing$, donc $B^* = \{1\}$ et cette égalité s'écrit simplement $h^{-1}(s) = h^{-1}(s) \cap a^+$.

4.13. D'après la question **4.14**, le langage $K_{s'} B^*$ est exprimable dans $\mathsf{LTL}(A)$, disons par φ. Mais alors, le langage $B^* aK_{s'} B^*$ est lui aussi exprimable, par $B \cup (a \wedge \mathsf{X}\,\varphi)$. D'après la question **4.11**, le langage $B^* aK_{s'} L_u$ est donc lui aussi exprimable. D'après **4.10** et **4.9**, le langage $L_t aK_{s'} L_u$ est donc exprimable, et d'après l'expression de $h^{-1}(s)$ de la question **4.6**, $h^{-1}(s)$ est exprimable dans $\mathsf{LTL}(A)$. Il reste à utiliser **4.1** pour conclure.

4.14. On sait que $e^{-1}(s)$ est exprimable dans $\mathsf{LTL}(S')$ (*cf* **4.7**). Soit φ une formule de $\mathsf{LTL}(S')$ telle que $L_{S'}(\varphi) = e^{-1}(s')$.

- Si $\varphi = t$, où $t \in S'$, alors $e^{-1}(s') = tS'^{*}$, donc

$$K_{s'}B^{*} = \bigcup_{\substack{u \in S^1 \\ uh(a)=t}} L_u a A^{*}B^{*}.$$

On a $L_u a A^{*}B^{*} = L_u a A^{*}$, donc ce langage est exprimable dans LTL(A) d'après **4.9**, et $K_{s'}B^{*}$ l'est donc aussi.

On raisonne maintenant par induction sur $|\varphi|$.

- Si $\varphi = \neg\varphi_1$, on a $|\varphi_1| < |\varphi|$, donc il existe ψ_1 telle que $f^{-1}(L_{S'}(\varphi_1))B^{*} = L_A(\psi_1)$. Alors,

$$\begin{aligned} K_{s'}B^{*} &= f^{-1}(L_{S'}(\neg\varphi_1))B^{*} \\ &= [A^{+} \smallsetminus f^{-1}(L_{S'}(\varphi_1))]B^{*} \\ &= L_A(\neg\psi_1) \end{aligned}$$

la dernière égalité provenant de ce que pour $K \subseteq \Sigma^{*}$, on a

$$(A^{+} \smallsetminus K)B^{*} = A^{+} \smallsetminus (KB^{*}).$$

- Si $\varphi = \varphi_1 \vee \varphi_2$ avec $|\varphi_i| < |\varphi|$, il existe ψ_i telles que

$$f^{-1}(L_{S'}(\varphi_i))B^{*} = L_A(\psi_i).$$

On a donc

$$\begin{aligned} K_{s'} &= [f^{-1}(L_{S'}(\varphi_1)) \cup f^{-1}(L_{S'}(\varphi_2))]B^{*} \\ &= f^{-1}(L_{S'}(\varphi_1))B^{*} \cup f^{-1}(L_{S'}(\varphi_2))B^{*} \\ &= L_A(\psi_1 \vee \psi_2). \end{aligned}$$

- Si $\varphi = \mathsf{X}\,\varphi_1$, on a $|\varphi_1| < |\varphi|$, et à nouveau il existe ψ_1 telle que $f^{-1}(L_{S'}(\varphi_1))B^{*} = L_A(\psi_1)$. On a

$$\begin{aligned} f^{-1}(L_{S'}(\varphi)B^{*}) &= f^{-1}(S'L_{S'}(\varphi_1))B^{*} \\ &= \bigcup_{u \in S^1} L_u a f^{-1}(L_{S'}(\varphi_1))B^{*} \\ &= \bigcup_{u \in S^1} L_u a L_A(\psi_1). \end{aligned}$$

Mais d'après **4.10**, on a $L_u a L_A(\psi_1) = L_u a A^{*} \cap B^{*}a L_A(\psi_1)$, Or $L_u a A^{*}$ est exprimable dans LTL(A) d'après **4.9**, et $B^{*}a L_A(\psi_1) = L_A(B \mathsf{U} (a \wedge \mathsf{X}\,\psi_1))$.

– Enfin, si $\varphi = \varphi_1 \mathsf{U} \varphi_2$ avec $|\varphi_i| < |\varphi|$, il existe ψ_i telles que $f^{-1}(L_{S'}(\varphi_i))B^* = L_A(\psi_i)$. On a alors

$$
\begin{aligned}
K_{s'}B^* &= f^{-1}(L_{S'}(\varphi))B^* \\
&= f^{-1}(L_{S'}(\varphi_1 \mathsf{U} \varphi_2))B^*.
\end{aligned}
$$

Soit $\chi_i = B \mathsf{U} (a \wedge \mathsf{X}\, \psi_i))$, de sorte que

$$
L_A(\chi_i) = B^* a f^{-1}(L_{S'}(\varphi_i))B^*.
$$

On vérifie facilement que

$$
\begin{aligned}
f^{-1}(L_{S'}(\varphi_1 \mathsf{U} \varphi_2))B^* &= f^{-1}(L_{S'}(\varphi_1))B^* \cup \\
&\quad\, [f^{-1}(L_{S'}(\varphi_2))B^* \cap L_A(\chi_1 \mathsf{U} \chi_2)] \\
&= L_A(\psi_1) \cup [L_A(\psi_2) \cap L_A(\chi_1 \mathsf{U} \chi_2)] \\
&= L_A(\psi_1 \vee (\psi_2 \wedge (\chi_1 \mathsf{U} \chi_2)))
\end{aligned}
$$

On a donc montré que $K_{s'}B^*$ est exprimable dans $\mathsf{LTL}(A)$.

4.15. Il suffit de calculer le semi-groupe de transitions de l'automate minimal de $(ab \cup ba)^+$, et de vérifier que ce semi-groupe est apériodique.

Automates et invariants

(corrigé du sujet proposé pp. 69–77)

§1. Mots réduits

1.1. Par hypothèse, on peut écrire $u = u_1 a\bar{a} u_2 = u_1' b\bar{b} u_2'$ avec $v = u_1 u_2$, $v' = u_1' u_2'$ et $a, b \in A \cup \bar{A}$. Si $|u_1'| \leq |u_1| - 2$, alors $u_1 = u_1' b\bar{b} w$ et $u_2' = wa\bar{a} u_2$. Donc $v' = u_1' wa\bar{a} u_2 \longrightarrow_g u_1' w u_2$, et $v = u_1' b\bar{b} w u_2 \longrightarrow_g u_1' w u_2$, ce qu'il fallait démontrer. Le cas où $|u_1'| \geq |u_1| + 2$ est symétrique. Si $|u_1'| = |u_1| - 1$, alors $u_1 = u_1' b$, $u_2' = \bar{a} u_2$, $a = \bar{b}$ et $\bar{a} = b$. Donc $u_1 u_2 = u_1' b u_2 = u_1' \bar{a} u_2 = u_1' u_2'$, ce qu'il fallait démontrer. Le cas $|u_1'| = |u_1| + 1$ est symétrique. Le dernier cas est celui où $|u_1'| = |u_1|$, mais alors $a = b$, $u_1 = u_1'$ et $u_2 = u_2'$: c'est le cas trivial.

1.2. Soit $u \in (A \cup \bar{A})^*$. Toute chaîne $u \longrightarrow_g u_1 \longrightarrow_g \cdots \longrightarrow_g u_n$ est finie, car les u_i sont de longueur décroissante. Par conséquent, pour tout mot u, il existe un mot v réduit tel que $u \longrightarrow_g^* v$.

Soit $u \in (A \cup \bar{A})^*$. Supposons que $u \longrightarrow_g^* v$ et $u \longrightarrow_g^* v'$, où v et v' sont réduits. Montrons par récurrence sur $|u|$ que $v = v'$.

Si $|u| = 0$, l'affaire est triviale. Supposons le résultat acquis si $|u| \leq m$ et supposons que $n = m + 1$. Si la chaîne de u à v (resp. v') est de longueur nulle, alors u est réduit, et donc $u = v = v'$. Supposons qu'aucune de ces deux chaînes n'est triviale, et soit w (resp. w') le premier mot de la chaîne de u à v (resp. v') : on $u \longrightarrow_g w \longrightarrow_g^* v$ et $u \longrightarrow_g w' \longrightarrow_g^* v'$. De la question **1.1** on déduit qu'il existe un mot t tel que $w \longrightarrow_g^* t$ et $w' \longrightarrow_g^* t$. Soit s un mot réduit tel que $t \longrightarrow_g^* s$. Alors $w \longrightarrow_g^* v$ et $w \longrightarrow_g^* s$. Par hypothèse de récurrence, on a $v = s$. De la même façon, on a $s = v'$. Par conséquent, $v = v'$.

1.3. On a $\rho(a\bar{b}b^2 \bar{a}\bar{b}bab a\bar{b}) = a^2 \bar{b}$ et $\rho(a)\rho(\bar{a}) = a\bar{a}$, mais $\rho(a\bar{a}) = 1$.

1.4. On vérifie d'abord que si $u \longrightarrow_g^* u'$, alors $uv \longrightarrow_g^* u'v$ et $vu \longrightarrow_g^* vu'$ pour tout mot v. Il s'ensuit que $uv \longrightarrow_g^* \rho(u)\rho(v) \longrightarrow_g^* \rho(\rho(u)\rho(v))$. Comme ce dernier mot est réduit, on déduit l'égalité requise de la question **1.2**.

§2. Automates inversifs réduits

2.1. Supposons que $u \longrightarrow_g v$. Alors $u = u'a\bar{a}u''$ avec $a \in A \cup \bar{A}$ et $v = u'u''$. Si $p \cdot u$ est défini dans $\mathcal{A}$, alors $p \cdot u'$ et $p \cdot u'a = (p \cdot u') \cdot a$ sont définis dans $\mathcal{A}$. Par définition d'un automate inversif, $p \cdot (u'a\bar{a})$ est défini et est égal à $p \cdot u'$. Il s'ensuit que $p \cdot (u'u'')$ est défini, et est égal à $p \cdot (u'a\bar{a}u'')$. On en déduit facilement le résultat demandé.

2.2. Supposons que $\mathcal{A}$ satisfait la propriété énoncée dans la question. Soit $q \in Q$ tel que $q \neq i$ et soit u un mot réduit tel que $i \cdot u = q$. Soit a la dernière lettre de u. Posons $u_0 = u$ et $a_0 = a$. Supposons construite une suite de lettres $a_0, \ldots, a_n$ telle que $u_n = ua_1 \cdots a_n$ est réduit et $q_n = i \cdot u_n$ est défini dans $\mathcal{A}$. Comme $\mathcal{A}$ est réduit, il existe une lettre $a_{n+1} \neq \bar{a}_n$ telle que $q_{n+1} = q_n \cdot a_{n+1}$ est défini dans $\mathcal{A}$. D'après le choix de a_{n+1}, le mot $u_{n+1} = ua_1 \cdots a_n a_{n+1}$ est réduit. Comme Q est fini, il existe $m < n$ tels que $q_m = q_n$. Choisissons m minimal pour cette propriété. Alors le mot $u_n \bar{u}_m$ est réduit. En effet, sinon, on a $a_n = a_m$, et alors $q_{m-1} = q_m \cdot \bar{a}_m = q_n \cdot \bar{a}_n = q_{n-1}$, contredisant le choix de m. Il est facile de voir que $i \cdot (u_n \bar{u}_m) = i$, et donc que $\mathcal{A}$ est réduit.

Réciproquement, supposons que $\mathcal{A}$ est réduit, et considérons un état $q \neq i$. Comme l'automate est accessible, il existe un mot réduit u tel que $i \cdot u = q$. Il existe donc un mot v tel que $i \cdot (uv) = i$ et uv est réduit. Soit a la dernière lettre de u et soit b la première lettre de v. Comme uv est réduit, on a $b \neq \bar{a}$. Par définition d'un automate inversif, $q \cdot \bar{a}$ et $q \cdot b$ sont définis dans $\mathcal{A}$. Donc $\mathcal{A}$ satisfait la propriété requise.

2.3. Soit i (resp. j) l'état initial de $\mathcal{A}$ (resp. $\mathcal{B}$). Soit q un état de $\mathcal{A}$. Si $q = i$, alors la seule image possible de q est j. Sinon, il existe un mot u tel que $q = i \cdot u$. Alors la seule image possible de q dans $\mathcal{B}$ est $j \cdot u$ (si cet état est défini).

Si κ (resp. λ) est un morphisme de $\mathcal{A}$ dans $\mathcal{B}$ (resp. de $\mathcal{B}$ dans $\mathcal{A}$), alors $\lambda \circ \kappa$ est un morphisme de $\mathcal{A}$ dans lui-même. Mais l'identité est aussi un morphisme de $\mathcal{A}$ dans lui-même. Donc $\lambda \circ \kappa$ est l'identité sur $\mathcal{A}$. De même, $\kappa \circ \lambda$ est l'identité sur $\mathcal{B}$. Donc κ et λ sont des isomorphismes, réciproques l'un de l'autre.

§3. Le groupe libre et ses sous-groupes

3.1. On se sert de la question **1.4** pour vérifier l'associativité : si $u, v, w \in F(A)$, on a

$$u \odot (v \odot w) = \rho(u\rho(vw)) = \rho(\rho(u)\rho(vw)) = \rho(uvw),$$

car $u = \rho(u)$, et dualement $(u \odot v) \odot w = \rho(uvw)$. Par ailleurs, il est immédiat que le mot vide est l'élément neutre, et que $u \odot \bar{u} = \bar{u} \odot u = 1$ (ce dernier point pourra être vérifié par une récurrence élémentaire sur la longueur de u).

3.2. Etendons d'abord β sur A en posant $\beta(\bar{a}) = \overline{\beta(a)}$ si $a \in A$. Ensuite on sait qu'on peut étendre β en un morphisme de monoïde sur $(A \cup \bar{A})^*$ (propriété élémentaire du monoïde libre). On pose alors, pour tout $u \in F(A)$, $\bar{\beta}(u) = \rho(\beta(u))$.

Si $u, v \in (A \cup \bar{A})^*$ et si $u \longrightarrow_g v$, disons $u = u'a\bar{a}u''$ et $v = u'u''$, alors

$$\begin{aligned}
\rho(\beta(u)) &= \rho(\beta(u')\beta(a)\overline{\beta(a)}\beta(u'')) \\
&= \rho(\beta(u')\beta(u'')) \\
&= \rho(\beta(u'u'')) \\
&= \rho(\beta(v))
\end{aligned}$$

Donc si $u \leftrightarrow_G^* v$, alors $\rho(\beta(u)) = \rho(\beta(v))$ et $\rho(\beta(u)) = \rho(\beta(\rho(u)))$. Par conséquent, si $u, v \in F(A)$, on a

$$\begin{aligned}
\bar{\beta}(u \odot v) &= \rho(\beta(\rho(uv))) \\
&= \rho(\beta(uv)) \\
&= \rho(\beta(u)\beta(v)) \\
&= \rho(\rho(\beta(u))\rho(\beta(v))) \\
&= \rho(\bar{\beta}(u)\bar{\beta}(v))
\end{aligned}$$

donc $\bar{\beta}(u \odot v) = \bar{\beta}(u) \odot \bar{\beta}(v)$, et $\bar{\beta}$ est un morphisme de groupes.

Pour démontrer l'unicité, considérons un morphisme γ de $F(A)$ dans G tel que $\gamma(a) = \beta(a)$ pour tout $a \in A$. Il est immédiat que γ et $\bar{\beta}$ coïncident sur les $\bar{a}$ ($a \in A$), donc sur tous les mots de longueur 1. Soit $u \in F(A)$ de longueur minimale tel que $\bar{\beta}(u) \neq \gamma(u)$. Alors u est de longueur au moins 2, et on a $u = va = v \odot a$ pour un certain $v \in F(A)$ et $a \in A$. Mais alors $\gamma(u) = \gamma(v)\gamma(a) = \bar{\beta}(v)\bar{\beta}(a) = \bar{\beta}(v \odot a) = \bar{\beta}(va) = \bar{\beta}(u)$, une contradiction.

3.3. La première assertion est une conséquence immédiate de la question **2.1**.

Comme l'état initial est égal à l'état final, il est immédiat que $1 \in L(\mathcal{A})$ et que si $u, v \in L(\mathcal{A})$, alors $uv \in L(\mathcal{A})$. De plus, par définition d'un automate inversif, on a aussi $\bar{u} \in L(\mathcal{A})$. Donc, en utilisant encore la question **2.1**, on vérifie que $\rho(L(\mathcal{A}))$ est un sous-groupe de $F(A)$.

3.4. Soit $H = \mathcal{H}(\mathcal{A}) = \mathcal{H}(\mathcal{B})$, et soit i (resp. j) l'état initial de $\mathcal{A}$ (resp. $\mathcal{B}$). Soient u et v des mots réduits distincts tels que $i \cdot u = i \cdot v = q \neq i$ dans $\mathcal{A}$. On peut factoriser u et v en $u = u'w$ et $v = v'w$ de telle façon que $u'\bar{v}'$ soit réduit (en posant w égal au plus long suffixe commun de u et v). Mais alors $q \cdot \bar{w}$ est défini et on a $q \cdot \bar{w} = i \cdot u' = i \cdot v'$. Il s'ensuit que $i \cdot (u'\bar{v}') = i$ et donc que $\rho(u'\bar{v}') \in H$. Donc on a dans $\mathcal{B}$ $j \cdot (u'\bar{v}') = j$, et par conséquent $j \cdot u' = j \cdot v'$. Par ailleurs, comme $\mathcal{A}$ est réduit, il existe un mot x tel que ux est réduit et $i \cdot ux = i$. Donc $\rho(ux) \in H$ et dans $\mathcal{B}$, $j \cdot ux = j$. Mais alors $j \cdot u$ est défini dans $\mathcal{B}$. Or $j \cdot u = (j \cdot u') \cdot w = (j \cdot v') \cdot w$, donc $j \cdot v$ est défini dans $\mathcal{B}$ et $j \cdot u = j \cdot v$. Par conséquent, il existe un morphisme de $\mathcal{A}$ dans $\mathcal{B}$. Par symétrie il en existe un autre de $\mathcal{B}$ dans $\mathcal{A}$ et on sait que cela entraîne l'isomorphie des deux automates (question **2.3**).

§4. Sous-arbres des automates inversifs

4.1. Par définition d'un automate inversif, il existe un mot v tel que $\delta(i, v) = p$ et il existe un mot w tel que $\delta(i, w) = q$. Par conséquent $\delta(p, \bar{v}w) = q$, donc $\delta(p, \rho(\bar{v}w)) = q$ (question **2.1**).

Si u et u' sont deux mots réduits tels que $\delta(p, u) = \delta(p, u') = q$, alors $\delta(p, u\bar{u}') = p$, et par définition d'un arbre, il s'ensuit que $\rho(u\bar{u}') = 1$. Mais alors $u = \rho(u\bar{u}'u') = \rho(\rho(u\bar{u}')u') = \rho(u') = u'$.

4.2. On procède par récurrence sur $\mathrm{Card}(Q)$. Le résultat est trivial si $\mathrm{Card}(Q) = 1$. Supposons maintenant que $\mathrm{Card}(Q) \geq 2$. Par définition, $\mathcal{T}$ n'est pas réduit et, d'après la question **2.2**, il existe un état $q \neq i$ tel qu'il existe une unique lettre $a \in A \cup \bar{A}$ pour laquelle $\delta(q, a)$ est défini. Soit $\mathcal{T}'$ l'automate obtenu en retirant de $\mathcal{T}$ l'état q et les transitions qui s'y rapportent ($q \xrightarrow{a} \delta(q, a)$ et $\delta(q, a) \xrightarrow{\bar{a}} q$). On vérifie que les états de $\mathcal{T}'$ sont toujours accessibles et que $\mathcal{T}'$ est un arbre. On conclut par récurrence.

4.3. Par exemple :

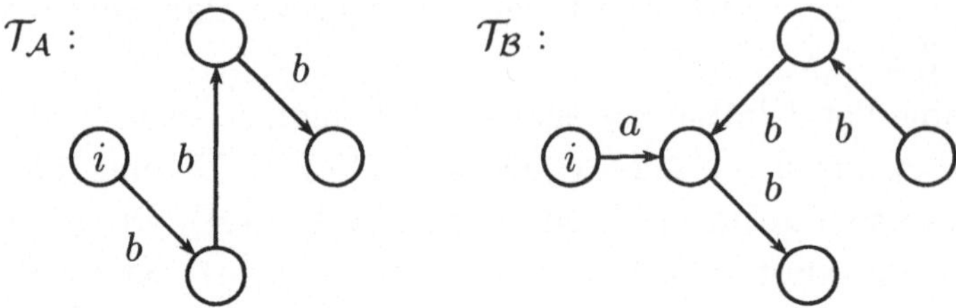

4.4. On part du sous-arbre de $\mathcal{A}$ constitué du seul état i. Tant que le sous-arbre construit n'est pas couvrant, on peut considérer un état q hors du sous-arbre. Puisque q est accessible, il existe un mot $u \in (A \cup \bar{A})^*$ tel que $\delta(i, u) = q$. Comme $q \neq i$, on peut supposer que $u = a_1 \cdots a_n$ avec $n \geq 1$. Soit $h \geq 0$ maximal tel que $\varepsilon(i, a_1 \cdots a_k)$ est défini pour tout $k \leq h$. Alors $h < n$. Posons $p = \delta(i, a_1 \cdots a_h)$. Il suffit d'ajouter au sous-arbre l'état $q' = \delta(i, a_1 \cdots a_{h+1})$, et lest transitions $p \xrightarrow{a_{h+1}} q$ et $q \xrightarrow{\bar{a}_{h+1}} p$. La vérification que l'automate ainsi construit est un arbre est immédiate. Par finitude, l'algorithme se termine au bout de $\mathrm{Card}(Q) - 1$ étapes.

L'algorithme peut être présenté de bien des façons, naturellement, par exemple en invoquant une exploration de $\mathcal{A}$ en profondeur

§5. Base de $\mathcal{H}(\mathcal{A})$

5.1. Comme t_q et $t_{\delta(q,a)}$ sont réduits, si $h_{q,a}$ n'est pas réduit, c'est que $t_q = t'\bar{a}$ ou $t_{\delta(q,a)} = t'a$. Dans le premier cas, $p = \varepsilon(i, t')$ est défini, et $q \xrightarrow{a} p$ est une transition de $\mathcal{T}$, ce qui contredit la définition de $\mathcal{B}$. Le second cas est traité de la même façon.

Montrons maintenant que tout élément u de $\mathcal{H}(\mathcal{A})$ est produit dans $F(A)$ d'éléments de la forme $h_{q,a}$ et de $\bar{h}_{q,a}$ $((q, a) \in E)$. Le mot u est réduit et étiquette un chemin dans $\mathcal{A}$ de i à i. En isolant les portions de ce chemin qui se situent dans $\mathcal{T}$, on obtient une factorisation $u = u_0 a_1 u_1 \cdots a_n u_n$ où les a_i sont dans $A \cup \bar{A}$ et les u_i sont dans $F(A)$ et telle que, si $q_i = i \cdot u_0 a_1 \cdots a_{i-1} u_i$, la paire (q_i, a_i) est dans E et le chemin $q_i \cdot a_i \xrightarrow{u_{i+1}} q_{i+1}$ est entièrement dans $\mathcal{T}$.

Comme on a aussi $q_i \cdot a_i \xrightarrow{t_{q_i \cdot a_i}^{-1} t_{q_{i+1}}} q_{i+1}$ et ce chemin est entièrement dans $\mathcal{T}$, on déduit de la définition des arbres que $u_{i+1} = \rho(u_{i+1}) =$

$\rho(t^{-1}_{q_i \cdot a_i} t_{q_{i+1}})$. De même, $u_0 = t_{q0}$ et $u_n = t^{-1}_{q_n \cdot a_n}$. D'où l'on déduit que $u = \rho(h_{q_1,a_1} \ldots h_{q_n,a_n}) = h_{q_1,a_1} \odot \cdots \odot h_{q_n,a_n}$.

5.2. La surjectivité a été démontrée à la question précédente.

On montre que si $\beta(x) = \beta(y)$, alors $u = v$. On se ramène promptement à montrer que si $\beta(x) = 1$, alors $x = 1$. Soit donc $x \in F(B)$ tel que $x \neq 1$. Alors il existe une suite finie $b_1 = (q_1, a_1)$, ..., $b_r = (q_r, a_r)$ d'éléments de B et des entiers $e_1, \ldots, e_r$ dans $\{-1, +1\}$ tels que $x = b_1^{e_1} \cdots b_r^{e_r}$ (si l'on veut bien noter b^{-1} pour $\bar{b}$). Alors (notant aussi u^{-1} pour $\bar{u}$ dans $(A \cup \bar{A})^*$) on a $\beta(x) = \rho(w)$, où w est le mot $w = h_{q_1,a_1}^{e_1} \cdots h_{q_r,a_r}^{e_r} \in (A \cup \bar{A})^*$.

Les mots t_q sont tous réduits. Si $e_i = e_{i+1} = 1$, alors $\rho(\bar{t}_{\delta(q_i,a_i)} t_{q_{i+1}})$ est l'unique mot réduit t tel que $\varepsilon(\delta(q_i,a_i),t) = q_{i+1}$. Comme la transition $q_i \xrightarrow{a_i} \delta(q_i, a_i)$ n'est pas dans $\mathcal{T}$, les mots $a_i t$ et $t a_{i+1}$ sont réduits. Comme $a_i, a_{i+1} \in A$, le mot $a_i t a_{i+1}$ est réduit.

Si $e_i = 1$ et $e_{i+1} = -1$, alors $\rho(\bar{t}_{\delta(q_i,a_i)} t_{\delta(q_{i+1},a_{i+1})})$ est l'unique mot réduit t tel que $\varepsilon(\delta(q_i,a_i),t) = \delta(q_{i+1}, a_{i+1})$. Comme ci-dessus, les mots $a_i t$ et $t \bar{a}_{i+1}$ sont réduits. Si $t = 1$, alors $\delta(q_i, a_i) = \delta(q_{i+1}, a_{i+1})$, et comme le mot $b_1^{e_1} \cdots b_r^{e_r}$ est réduit, on en déduit que $q_i \neq q_{i+1}$ ou $a_i \neq a_{i+1}$. Le premier cas entraîne aussi $a_i \neq a_{i+1}$. (On a $\delta(\delta(q_i, a_i), \bar{a}_i) = q_i$ et $\delta(\delta(q_{i+1}, a_{i+1}), \bar{a}_{i+1}) = q_{i+1}$, et on suppose que $\delta(q_i, a_i) = \delta(q_{i+1}, a_{i+1})$.) Donc le mot $a_i t \bar{a}_{i+1}$ est réduit dans toutes les circonstances.

Les autres cas, où $e_i = -1$ et $e_{i+1} = 1$, ou bien $e_i = e_{i+1} = -1$, sont traités de manière duale. Il s'ensuit que $\rho(w)$ est de longueur au moins r, et donc que $\beta(x) = \rho(w) \neq 1$, ce qui conclut la preuve.

5.3. La question **5.2** montre que $\beta(E)$ est une base de $\mathcal{H}(\mathcal{A})$, donc le rang de $\mathcal{H}(\mathcal{A})$ est $\mathrm{Card}(E)$. La question **4.2** montre que $\mathrm{Card}(D) - \mathrm{Card}(E) = \mathrm{Card}(Q) - 1$, d'où le résultat.

5.4. Pour $\mathcal{H}(\mathcal{A})$ il vient ab^{-2} et bab^{-3}. Pour $\mathcal{H}(\mathcal{B})$, il vient $abab^2a^{-1}$ et $ab^{-1}ab^{-1}a^{-1}$.

§6. Construction effective

6.1. À chaque étape, le nombre d'états de $\mathcal{A}_n$ diminue. On est donc certain que la construction s'arrêtera après au plus $\mathrm{Card}(Q_1)$ étapes.

6.2. Pour le sous-groupe considéré, le dernier $\mathcal{A}_n$ constructible est l'automate $\mathcal{A}$ de la figure 1.

6.3. Si $h_i = a \in A \cup \bar{A}$, soit $\mathcal{B}_i$ l'automate formé de l'état 1 et des transitions $(1, a, 1)$ et $(1, \bar{a}, 1)$. Si $|h_i| \geq 2$, soit $\mathcal{B}_i$ l'automate formé de l'état 1, des états de la forme (i, u), et des transitions de la forme $(1, a, (i, u))$, $((i, u), a, (i, v))$ et $((i, u), a, 1)$. Il est facile de voir que tout chemin de 1 à 1 dans $\mathcal{A}_1$ se décompose en une concaténation de chemins de 1 à 1 dans des $\mathcal{B}_i$. Or si u étiquette un chemin de 1 à 1 dans $\mathcal{B}_i$, alors il existe un mot $v \in \{h_i, \bar{h}_i\}^*$ tel que $u \longrightarrow_G^* v$. Il s'ensuit que si u est accepté par $\mathcal{A}_1$, alors il existe un mot $v \in \{h_1, \bar{h}_1, \ldots, h_r, \bar{h}_r\}^*$ tel que $u \longrightarrow_g^* v$, et donc $\rho(L(\mathcal{A}_1)) \subseteq H$. L'inclusion réciproque est immédiate puisque $L(\mathcal{A}_1)$ est un sous-monoïde de $(A \cup \bar{A})^*$ et les h_i et $\bar{h}_i$ sont trivialement acceptés par $\mathcal{A}_1$.

6.4. Considérons d'abord un mot u accepté par $\mathcal{A}_n$. On distingue dans un chemin de 1 à 1 d'étiquette u les passages par les transitions étiquetées a ou $\bar{a}$ entre p et r, et entre q et r, pour vérifier que u est aussi accepté par $\mathcal{A}_{n+1}$.

Pour la réciproque, on montre que si $\mathcal{A}_{n+1}$ est défini et si $v \in L(\mathcal{A}_{n+1})$, alors il existe $u \in L(\mathcal{A}_n)$ tel que $u \longrightarrow_g^* v$, par récurrence sur le nombre d de passages du chemin dans $\mathcal{A}_{n+1}$ de i à i étiqueté v. Si $d = 0$, alors v est aussi accepté par $\mathcal{A}_n$. Supposons le résultat acquis pour $d \geq k$, et considérons v tel que $d = k + 1$. Alors v peut se factoriser en $v = v'v''$ avec $i \cdot v' = p$ dans $\mathcal{A}_{n+1}$. Soit x un mot réduit étiquetant un chemin de p à i dans $\mathcal{A}_{n+1}$ et ne passant pas par p (donc x étiquette un chemin de p à i dans $\mathcal{A}_n$ aussi). Par hypothèse de récurrence, il existe des mots $u', u'' \in L(\mathcal{A}_n)$ tels que $u' \longrightarrow_g^* v'x$ et $u'' \longrightarrow_g^* \bar{x}v''$. Mais alors $u = u'u'' \longrightarrow_g^* v'x\bar{x}v'' \longrightarrow_g v'v'' = v$. Comme dans $\mathcal{A}_n$ l'état initial est aussi l'état final, on a encore $u'u'' \in L(\mathcal{A}_n)$, ce qui conclut la preuve.

6.5. La condition selon laquelle $\mathcal{A}_{n+1}$ n'est pas défini est équivalente à la condition que $\mathcal{B}_1 = \mathcal{A}_n$ est inversif.

6.6. La raison de la terminaison est encore une fois la décroissance stricte du nombre des états des $\mathcal{B}_n$. Que le dernier automate construit soit réduit est une conséquence immédiate de la définition des $\mathcal{B}_n$. Enfin, il est facile de voir que chaque $\mathcal{B}_n$ est inversif.

6.7. C'est encore l'automate $\mathcal{A}$ de la figure 1, puisque ce dernier est réduit.

6.8. Quels que soient les choix effectués, on aboutit à un automate inversif réduit $\mathcal{C}$ tel que $\mathcal{H}(\mathcal{C}) = H$. On utilise alors la question **3.4** pour conclure.

Index

SCOPOS